상대론적 우주론

블랙홀·우주·초우주

전파과학사는 독자 여러분의 책에 관한 아이디어와 원고 투고를 기다리고 있습니다. 전파과학사는 종교(기독교), 경제·경영서, 일반 문학 등 다양한 장르의 국내 저자와 해외 번역서를 준비하고 있습니다. 출간을 고민하고 계신 분들은 이메일 chonpa2@hanmail.net로 간단한 개요와 취지, 연락처 등을 적어 보내주세요.

상대론적 우주론
블랙홀·우주·초우주

–

초판 1쇄 1979년 01월 15일
개정 1쇄 2022년 07월 05일

–

지 은 이 사토 후미다카·마쓰다 다쿠야
옮 긴 이 김명수
발 행 인 손영일
디 자 인 장윤진

–

펴낸 곳 전파과학사
출판등록 1956. 7. 23 제 10-89호
주   소 서울시 서대문구 증가로18, 204호
전   화 02-333-8877(8855)
팩   스 02-334-8092
이 메 일 chonpa2@hanmail.net
홈페이지 www.s-wave.co.kr
공식 블로그 http://blog.naver.com/siencia

ISBN 978-89-7044-294-5(03440)

상대론적 우주론

블랙홀·우주·초우주

사토 후미다카·마쓰다 다쿠야 지음 | 김명수 옮김

전파과학사

머리말

한 세대 전에는 일반상대론이나 우주론은 대성한 학자나 아니면 어지간한 괴짜들이 연구하는 문제로 치부했기 때문에 젊은 연구자들이 선택할 문제가 못 된다고 간주되던 시기가 있었다. 왜냐하면 어떤 이론을 세워도, 그것이 거짓인지 진짜인지 관측적으로 확인하기 어렵고, 따라서 연구업적으로 평가받지 못했기 때문이었다.

20세기 물리학에 있어 2대 발견이라고 할 수 있는 양자론과 상대론을 비교해보면, 양자론은 응용 면에서 크게 꽃을 피운 것에 반해 일반상대론은 여태껏 거짓인지 진짜인지도 분명치 않은 형편이다.

그런데도 우주론과 일반상대론이 일부 사람들의 열렬한 관심을 끌어온 이유는 그래도 어딘가 매력적인 면이 있기 때문이라고 생각된다. 우주론과 우주를 탐구하는 수단으로서의 일반상대론은 바야흐로 인간이 가진 지혜의 최첨단을 달리고 있다고 해도 과언이 아니다. 자연의 심오한 내면을 알고 싶어 하는 사람들에게는 아주 매력적인 학문이다.

그런데 관측적 근거가 애매하다는 결점은 근년에 와서 급속히 개선되었다. 전파망원경이나 인공위성이 발달하면서 우주론과 일반상대론에도 큰 영향을 미쳤다. 특히 1960년대에 들어서자 일반상대론적 우주물리학이 대뜸 양지가 되었다. 그러므로 오늘날에는 우주론을 연구하지 말라는 사람이 오히려 괴짜 취급을 받게 되었다.

이 책은 일반상대론과 상대론을 어떻게 우주물리학에 응용하는가를 쉽게 해설했다. 상대론이나 우주에 관한 해설서는 많다. 그러나 어떤 것은 상대론에 편중되거나, 우주론이라고 하지만 태양계 공간만 해설한 것이 많다. 그래서 이 책은 상대론적 우주물리학의 이론적 측면에 표적을 대고 썼다.

이 책은 3부로 나눴다. 간단하게 말하면 블랙홀, 우주, 초우주이다. 1부는 1장에서 3장까지로, 일반상대론의 간단한 해설, 초고밀도별 이론에 대한 일반상대론의 응용, 일반상대론이 이론적으로 예언한 블랙홀을 해설했다. 블랙홀이란 이를테면 공간에 뚫린 구멍 같은 것인데, 거기에 빠지면 절대로 원래의 공간으로 되돌아오지 못하는 시공이 일그러진 곳을 말한다. 과연 블랙홀이 존재하는가. 만일 빠지면 어떻게 되는가?

2부는 「우리 우주」에 관해 4장에서 6장까지 썼다. 보통 우주라고 하면 「삼라만상을 포함하는 모든 것」이라고 생각했다. 그러나 이러한 정의는 애매하다. 인류는 언제나 우주에 관해 어떤 개념을 가져왔다. 그러나 시대가 진보함에 따라 인류의 인식은 확대되고 우주에 관한 개념도 변천되었다. 그러므로 이 책에서는 우리가 현재까지 인식해온 시공간을 「우리 우주」라고 부르기로 했다. 우리 우주는 반지름 100억 광년, 나이 100억 년이 되는 시공이며, 분명하게 과학의 대상이 되는 것이다.

우리 우주 밖이라든가, 우리 우주가 시작하기 전을 초우주(超宇宙)라고 부르겠다. 3부에서는 이와 관련해서 이야기했다. 초우주에 관한 지식은 애매하여 당연한 일이겠지만 정설(定說)이 없다. 그러나 초우주야말로 우주론 학자가 꿈을 키울만한 곳이다.

이 책을 쓰는 데 있어서는 필자들이 직간접으로 연구하고 있는 문제에만 한정시켰다. 그러므로 최신 정보도 받아들였다. 어떤 외국의 유명한 학자의 책을 번역한 역자가 「세상에는 50년 전에 출판되었더라면 명저(名著)가 되었을 책이 요즘 많이 나오고 있지만 이 책만은 그렇지 않다」라고 호언장담한 것을 읽은 적이 있다. 현재의 눈으로 보면 그 책도 10년 전에는 명저였다는 말이 된다. 그만큼 우주물리학은 어제오늘의 진보가 빠르다는 말이다. 이 책도 역시 그런 꼴을 당하게 될 것이다.

이 책으로 인해 상대론적 우주물리학의 인식이 깊어지고 고등학생이나 대학생 가운데서 장차 이런 분야를 깊이 연구하려 하는 사람이 나온다면 필자로서는 뜻밖에 다행이겠다.

목차

머리말 5

1장 | 강력한 중력과 일반상대론 15

시베리아의 블랙홀 17

1. 위대한 비상식 ─ 물리법칙의 기하학화 19
일반상대론과 우리의 관계 19
「특수」의 특수한 「일반」화 20
아인슈타인의 「일반」화 21
중력의 등장 23
여세를 몰아 모두 기하학화로 24

2. 중력이론의 판가름 ─ 강한 중력 27
무중력계 ─ 국소적 관성계 27
일반상대론에 대한 갖가지 험담 28
모여드는 얼치기 이론과의 대결 30
「강한 중력」의 실험실 31
「약한 중력」의 정밀실험실 33

2장 | 별의종말 41

---

1. 굵고 짧게, 가늘고 길게 ─ 별의 일생 43
별이 방출하는 에너지 43
별은 핵융합로 45
연소가스가 다음 연료로 46

2. 무거운 것일수록 잘 수축한다 ─ 종말의 네 가지 형태 48
전자가스의 축퇴 ─ 백색왜성 48
잘못된 핵연소 ─ nothing 50
에너지가 수축하면 폭발한다 ─ 중성자별 51
자신의 몸무게를 견디지 못하여 ─ 중력붕괴 54
무거운 별도 가벼워진다 55

3. 중성자별은 돌고 있었다 ─ 펄서 56

수축하면 빨리 회전한다 56
회전하는 자석 58
100억 도인데 극저온이라니 59
정체를 모르는 하이퍼론 코어 62
살인전파의 방출 62

4. 가스를 빨아들이는 강력한 중력 ─ X선별 65

보이지 않는 것을 보는 방법 65
왜 X선별인가? 66
그 밖의 블랙홀 68

3장 | 블랙홀의 시공구조 71

1. 시공에 뚫린 구멍 73

빛도 빨아들이는 중력 73
관성계의 미끄러짐 75
초광속도? 77
두 번 다시 되돌아올 수 없는 저승길 80
저승과 이승 81
시공에 뚫린 벌레 먹은 구멍 84
회전에 의한 관성계의 끌림 86

2. 시공구조의 해답 89

중력장방정식을 풀다 89
네 종류의 엄밀한 답 90
시공 풀이의 성질 92

3. 중력붕괴가 낙착되는 곳 95

구대칭의 중력붕괴 95
일반적인 중력붕괴 97
종착점은 모두 같은가? 97
블랙홀에는 털이 없다 99
좁은 뜻의 블랙홀 100
벌거벗은 특이성 101
중력파로 시공을 본다 102
작은 블랙홀 103

4장 | 우주관의 「팽창」 105

1. 우주의 끝은 어디인가? 유한한 우주에서 무한한 우주로 107
서쪽으로 서쪽으로 자꾸 가면 107
우주론이란 무엇인가? 108
고대의 우주관 109
우주 밖에는 아무것도 없다 ― 아리스토텔레스의 유한우주 110
고대의 코페르니쿠스 112
핀 끝에서 몇 명의 천사가 춤출 수 있는가? 113
코페르니쿠스적 회전 114
가도 가도 한없는 우주 ― 브루노의 무한우주 116
뉴턴 대 데카르트 118
요소적 자연관 120

2. 가만히 있지 못하는 우주 ― 근대적 우주론의 성립 123
은하계가 산재하는 우주공간 123
올버스의 패러독스 ― 밤하늘은 밝다? 124
에테르는 어디에 126
아인슈타인과 마흐 127
밀면 짜부라지는 아인슈타인 우주 129
팽창하는 우주 ― 허블의 법칙 129

3. 진화하는 우주 131
우주 초기의 원소생성 131
유구하고 변함없는 우주 133
역시 우주는 뜨거웠다 ― 우주흑체복사의 발견 135
호일의 발악 136

4. 우주론은 이제 끝났는가? 139
우리의 우주와 초우주 139

5장 | 우리 우주의 구조 141

1. 프리드만 모형의 세 개의 뿌리 143
일반상대론적 우주론 143
우주에는 중심이 없다 — 균일성 144
어디를 향해도 모두 같다 — 등방성 146
우주원리라는 이름의 가설 146

2. 팽창하는 휜 균일공간 — 일반상대론적 우주 모형 148
우주의 팽창을 결정짓는 방정식 148
풍선우주 150
삼각형의 내각의 합은 2직각이 아니다 153
먼 것일수록 빨갛다 — 적색편이 155
우주의 지평면 156

3. 우리 우주는 열렸는가 닫혔는가 159
우주 모형을 결정하는 파라미터 159
감속계수의 결정 160
우주의 평균밀도 162

6장 | 우리 우주의 진화 167

만물은 유전한다 169
1. 뜨거운 우주의 초기 170
빅뱅 모형 170
오래된 일일수록 잘 나타난다 172
중성미자의 바다 172
아일럼과 양성자와 중성자 173
97%는 실현된 가모프의 꿈 174
태초에 빛이 있었다 177
흐린 뒤 맑음 — 우주는 개었다 178
냉각재가 되는 수소분자의 출현 180

2. 은하의 기원 — 중력불안정설 182

팽창우주 속의 불균형 182
중력에 의한 균일매질의 갈라짐 183
우주에서의 중력불안정성 184
밀도 흔들림의 알 185
구상성단이 첫 천체인가? 186
작은 흔들림은 꺼진다 189
중력불안정설의 약점 190

3. 은하의 기원 — 난류설 193

태초에 소용돌이가 있었다 193
난류설의 패퇴와 부활 195
어미 소용돌이 위에 새끼 소용돌이를 싣고 196
제트기의 소음과 은하 199
「중력불안정주의」 대 「난류주의」 200
은하의 알을 낳은 어미 202

7장 | 초우주 – 현대우주론의 기본적 문제 205

1. 우주의 특이성과 바운스 207

신은 우주를 창조하기 전에는 무엇을 하셨는가? 207
우주를 튕기는 갖가지 노력 208

2. 믹스마스터 우주 211

4차원에서 다시 3차원으로 211
일그러진 우주 212
시간은 시계로 잰다 214
기묘한 시계 215
우주의 양자화 216

3. 무수한 「우주」들 — 초우주 218

메타 갤럭시 218
물질·반물질 우주 219
반은하, 반세계? 221
리틀턴 — 본디의 대전우주 222

무수한 평행세계 223
반중력붕괴 225
거의 닫힌 우주 227
삼천세계의 사상 229

4. 그 밖의 중력이론에 의한 우주론 231
브란스-디케 당신도? 231
바운스하는 우주를 만들기 위해서는 ─ 새중력이론 232

8장 | 마흐원리와 물리법칙의 상대화 235

1. 공간이란 무엇인가? ─ 절대공간과 상대공간 237
고대로부터의 두 논쟁 237
공간이 있는가? 238
뉴턴의 절대공간 240
버클리 대주교의 의의신청 241
뉴턴의 양동이 241
마흐의 거대한 양동이 243
아인슈타인 내의 마흐 245
시아머 모형 246
마흐의 여러 가지 얼굴 247
반마흐 시공 248
싱의 4차원 절대시공 250
마흐주의자 디케의 이론 252
필요 없는 풀이는 버린다 ─ 휠러의 선택원리 254

2. 국소적 법칙은 우주구조로 결정되는가? 255
우주 최대의 수 255
「상수」는 정말 상수인가? 256
가모프의 마지막 연구 257
그래도 마흐원리는 옳은가? 258
무한계층철학과 자기완결철학 259
물리학과 형이상학의 틈바구니에서 261

맺음말 264

1장

강력한 중력과 일반상대론

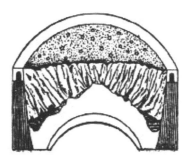

시베리아의 블랙홀

1973년 가을에 「시베리아에 블랙홀이 떨어졌다」는 보도가 외국의 신문을 통해 보도되었다. 그런데 그 기사를 잘 읽어보니 그때 떨어진 것이 아니고 상당히 이전에 일어난 사건이었다.

1908년 6월 30일 수 메가톤급의 핵폭발에 비길만한 피해를 주는 무언가가 하늘에서 떨어졌다. 당연히 그것은 운석이 낙하한 것이라 생각하고, 이를 툰구스 운석이라 불렀다. 그런데 기묘하게도 낙하지점으로 생각되는 장소에 운석이 남아 있지 않았다. 어딘지 별난 데가 있는 운석 낙하였다. 그래서 어느 연구자는 이 낙하물은 운석이 아니라 블랙홀일 것이라는 새로운 학설을 주장했다. 1973년의 신문기사는 그런 내용을 보도한 것이다.

그럼 블랙홀이란 무엇인가. 블랙홀이란 중력원으로서의 질량이 있는데도 크기가 무한히 작은 것이다. 일반적으로는 질량의 값은 얼마라도 좋지만 여기서 거론되는 것은 지구의 1000만 분의 1 정도의 무게이다. 아주 작기 때문에 지면에 떨어져도 슬금슬금 지구를 관통하여 북대서양상에 있는 어느 지점으로 빠져 다시 하늘로 날아가 버렸으므로 낙하물이 남지 않았다는 것이다. 지구를 쑥 빠져나갔지만 초음속으로 공기 중을 날았기 때문에 충격파가 주위에 피해를 주었다는 것이다.

이 논문은 시베리아에 사건이 일어난 조금 뒤에 북위 40°에서 50°, 서경 30°에서 40°가 되는 북대서양상에서 이변이 일어났을 것이므로 그때의 항해일지를 조사하여 그 근처를 지나간 배가 없는지 알아보자고, 마치

블랙홀이 지구를 뚫고 나갔다!

SF 같은 제안을 했다.

이 이야기를 듣고 유달리 흥미를 느끼는 사람도 있을 것이다. 왜냐하면 첫째, 블랙홀은 일반상대론에서 나왔다는 것과 더불어 어쩐지 블랙홀 주위에서는 시간과 공간이 일그러진 것처럼 여겨지기 때문이다. 둘째로는 그런 기묘한 것이 우주 저쪽에서가 아니고 지상에서 사건을 일으켰다는 친근한 이야기이기 때문이다.

블랙홀이란 무엇인지 이야기하기 위해서는 먼저 일반상대론이란 무엇인지 알아야 한다. 블랙홀은 아직 확실하게 발견되지 않았고, 그 존재는 다만 이론적으로 예언되었기 때문이다. 따라서 먼저 일반상대론에 대해 이야기하고, 그다음에 블랙홀은 왜 생기는가, 어떻게 발견할 수 있는가 이야기하겠다.

1. 위대한 비상식 — 물리법칙의 기하학화

일반상대론과 우리의 관계

일반상대론이란 말은 아인슈타인의 특이한 풍모와 더불어 비교적 잘 알려져 있다. 어쨌든 이 이론이 발표되고 나서 벌써 60년 가까이 지났고, 현대물리학을 확립한 양자역학보다도 오래되었다. 그러나 양자역학에서 태어난 갖가지 기술이 이미 우리 생활 구석구석에 스며든 것에 반해 일반상대론을 적용한 기술은 금시초문이다. 그런 뜻에서 어떤 사람에게는 참으로 「비생산」적 이론이라 하겠다. 또 생활과 관계없을 뿐만 아니라, 실은 거짓인지 진짜인지조차도 분명하지 않은 이론이기도 하다. 그런데도 이 이론은 실로 많은 사람의 마음을 들뜨게 하고 그 이름만은 널리 알려졌다. 그런 뜻에서 많은 사람과 「관계」가 깊다. 이 관계란 아마도 미켈란젤로나 베토벤이 많은 사람과 「관계」가 있다는 그 「관계」와도 비슷하다 하겠다. 그럼 왜 우리의 마음을 들뜨게 할까?

상대론이 우리 자연 인식 속에서 가장 기본적인 척도가 되는 시간과 공간에 대해 「비상식」적인 사실을 주장하기 때문일 것이다. 쉽게 말하면 허풍일지 모르나 큰소리치고 있기 때문이다.

「특수」의 특수한 「일반」화

상대론에는 「특수」와 「일반」이 있고, 특수상대론은 이미 수많은 실험으로 실증되었으며, 아직 실생활에는 그다지 영향을 미치지 않았는지 모르나 연구자나 기술자 사이에서는 이젠 상식이 되어버렸다. 적어도 거짓인가 진짜인가 불분명한 상태는 아니다.

완전히 실증된 「특수」상대론을 더 「일반화」시킨 이론이라면 더 올바르지 않다고 생각하는 사람이 많을 것이다. 물론 아인슈타인의 머릿속에서는 「일반」화 되었기 때문에 그렇게 이름이 붙여졌다. 그리고 이 이론의 흐름은 다시 통일장이론으로 발전하고, 거기서 그의 파란 많던 일생이 끝났다.

운동속도가 광속도에 가까워지는 많은 현상을 설명하는 도구로서 특수상대론은 이젠 상식이 되었다. 그렇다고 해서 「특수」-「일반」-「통일장」으로 발전해 간 아인슈타인의 사상이 결코 상식화되었다는 이야기는 아니다. 그의 사상은 양자론과 특수상대론을 기초로 하는 현대물리학사상의 다수파에서 보면 「비상식」적이며, 원자핵-소립자물리학 이전의 준고전(準古典) 시대의 물질관을 닮은 색채가 짙어서 많은 사람에게 다소 케케묵은 느낌을 주기 때문인 것 같다. 아인슈타인의 「일반」화는 너무도 특수한 일반화였다.

아인슈타인의 「일반」화

그럼 그의 「일반」화란 어떤 것이었는가. 이 책에서는 특수상대론은 어느 정도 이해하고 있다는 전제하에서 이야기하기 때문에 자세하게 이야기하지 않겠지만, 이 이론은 서로 등속도운동을 하는 계끼리는 물리법칙이 같다(상대성원리)고 주장한다. 다만 시간-공간의 척도가 계마다 달라지고, 그 변하는 방식은 어느 계에서 봐도 광속도가 일정하게 보인다는 것이다. 여기서 말하는 상대성원리란 뉴턴역학에서도 나오며 별로 새삼스러운 것은 아니다.

뉴턴의 역학법칙은 「힘」이라는 물질적인 것과 「가속도」라는 운동학적인 것을 결부시키는 것으로

(질량) × (가속도) = (힘)

이다. 이 관계는 어떤 등속도운동계에서도 변함이 없다. 힘이 걸린다는 것은 가까운 데에 물질이 있다는 것이며, 이러한 물질적인 힘이 있고 없고는 시간-공간의 척도를 어떻게 잡는가에 따라 나타나기도 하고 꺼지기도 하는 「운동학적」 힘과는 엄격히 구별된다. 예를 들면 중력이나 전기력 등은 물질적 힘이며, 원심력이나 전동차가 정지할 때 느끼는 관성력(慣性力) 등은 운동학적 힘이다. 이렇게 물질과 시간-공간(다음부터 시공이라 생략해 쓰기로 하겠다)을 별개로 치는 뉴턴 이래의 「상식」은 특수상대론에서도 완전히 보존되었다.

아인슈타인은 상대성원리를 등속도운동에만 한정하면 너무 「특수」화되므로 더 「일반」적인 가속도를 가진 운동에도 확장해야 한다고 생각했

알버트 아인슈타인

다. 그런데 이렇게 비약한 것이 실은 대단한 「비상식」을 낳는 계기가 되었다. 왜냐하면 가속도계까지 일반화하면 같은 현상인데도 어느 계에서는 가속도가 나타나고, 어느 계에서는 나타나지 않기 때문이다. 이렇게 되면 힘의 있고 없음과 나아가서는 물질의 있고 없음에까지 영향을 미치게 되어 도저히 어느 계에서든 법칙이 같지 않게 된다.

　여기서 아인슈타인의 「위험」한 사상이 등장한다. 어디까지나 그는 「일반」 운동에 상대성원리를 확대하기 위해 물질과 시공간의 엄격한 구별을 풀어버렸다. 둘은 동질적인 것으로 서로 영향을 미친다는 것이다.

중력의 등장

여기서 중력이 등장한다. 중력이 만유인력이라 불리는 것같이 물체가 있으면 반드시 힘이 작용한다. 이런 점이 전기력이나 핵력과 다르다. 또한 중력 중에서의 운동은 운동체의 질량에 관계없이 일정하다(이것을 등가 원리라고 한다). 만일 공기저항이라는 중력이 아닌 힘을 제거하면 돌멩이든 새의 깃털이든 간에 같은 낙하운동을 할 것이다. 옛날 갈릴레오가 피사의 사탑에서 물체를 떨어뜨려 확인하려 한 일은 바로 이것이었다. 아인슈타인은 중력의 이런 특별한 성질에 주목하여 다음과 같이 생각했다.

중력 효과란 시공에 영향을 주는 작용이며, 운동이란 그 영향을 받은 시공에 따라 결정된다. 이것은 운동체의 성질과 관계없이 미리 그 시공에 따라 정해져 있다. 따라서 돌멩이든 새의 깃털이든 같은 길을 따르기 때문에 같이 운동한다.

예를 들어보자. 태양 중력장에서 빛이 굴절하는 것은 알려져 있다. 이 것을 상식적인 관점에서는 태양에 빛이 끌려서 휘었다, 또는 더 「현대적」 상식으로는 태양과 빛 사이에 중력자가 교환되어 휘었다고 기술한다.

한편 아인슈타인에 따르면 빛이 굴절하는 것은 공간이 휘었기 때문이며, 이 휜 공간을 빛은 곧바로 진행한다고 생각한다. 종이 위에 직선을 그려본다. 빛이 지나는 길이다. 중력 효과는 이 평면인 종이를 곡면으로 바꾼다. 평면이 곡면으로 되면 곡면상의 「직선」(2점을 잇는 최단 거리)은 휜다. 그러므로 빛이 휜다.

여세를 몰아 모두 기하학화로

여기에서 물질이 존재함으로써 상대적으로 변화하는 시공이라는 기하학적 실체가 물리학에 등장한다. 지금까지 시공은 변함없는 것으로 주어졌다. 이 새로운 실체는 일일이 물질의 존재를 기억한다. 그렇게 되면 물질에 대해 이야기하는 대신 이 실체의 여러 가지 성질을 기술해 보려고 의도한다. 변화하는 시공이라는 새로운 실체는 기하학적인 대상물이므로, 한마디로 말해 물리법칙의 기하학화가 된다.

아인슈타인은 중력을 기하학화한 일반상대론을 완성(이론을 완성했다는

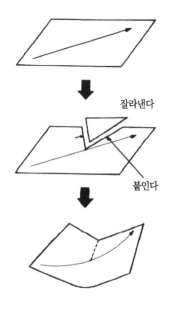

그림 1-1 | 휜 공간의 최단 거리를 빛은 진행한다

뜻이며 실증된 것은 아니다)한 여세를 몰아 이번에는 전자기학도 기하학화하려고 시도했다. 준고전 시대의 물리학에서는 중력 이외의 기본적 힘은 전자기력이었으므로 이에 성공하면 물리학의 기본 법칙은 모두 기하학화된다. 즉 이것이 「통일장」 이론의 의도였으며 어느 정도 성공했다.

그러나 현대 핵물리학은 강한 상호작용(원자핵을 구속하는 힘)이나 약한 상호작용(베타붕괴의 상호작용)도 기본적인 힘으로 인식한다. 그러므로 거기까지 포함해 기하학적 통일장이론을 만드는 것은 불가능하기도 하고 현명하지 못한 것처럼 생각된다. 여기에 그의 보수성이 엿보인다. 그러나 그의 시도는 얼마나 기우가 광대한가. 「비상식」도 이쯤 되면 어지간하다. 그러나 아직 거짓이라 낙인찍힌 것은 아니다.

그럼 현대의 상식적 다수파의 생각은 어떤가. 물론 그들도 특수상대론

힘의 기하학화

까지는 생각이 같다. 이것은 사실에 입각한 것으로 「사고방식」의 차이는 아니다. 그리고 뉴턴중력을 어떤 뜻으로든 상대론화해야 한다고 생각하는 점도 공통적이다. 아인슈타인의 일반상대론이 중력의 기하학화에 성공했다는 것도 인정하지만, 모든 상호작용에 대해서 성공하지 못한 이상 중력만을 기하학화하는 것은 오히려 반신불수로서 이론적 통일성이 결여된다고 생각한다.

그래서 모처럼 성공한 중력의 기하학화도 일보 후퇴시켜 다른 상호작용과 대등한 상식으로 생각하는 편이 「통일」적이라는 것이다. 물론 단순히 후퇴시킬 뿐만이 아니고 다른 새로운 실체를 도입하여 「통일」하려고 시도하고는 있지만.

2. 중력이론의 판가름 – 강한 중력

무중력계 — 국소적 관성계

일반상대론의 내용을 좀 더 알아보자. 이 이론에서 상대성원리를 일반화시킨 방법은 다음과 같다. 쇠줄이 끊어져 자유낙하하는 엘리베이터 속에서는 무중력상태가 된다는 이야기는 자주 듣는다. 즉 중력과 운동학적 힘을 대등하다고 보면 중력이라는 힘은 적당히 운동하는 계에 실으면 언제나 상쇄될 수 있다. 이런 계를 이번에는 관성계(慣性系)라 부르자. 특수상대론까지는 절대관성계(이 계에서는 운동학적 힘이 없다)에 대해서 등속도운동하는 계가 관성계였다.

여기서 주의가 필요한 것은 일반적으로 중력이 상쇄되는 것은 하나의 운동에서는 한 점뿐이라는 것이다. 예를 들면 자유낙하하는 엘리베이터 속에서도 중력작용은 완전히 없어지지 않으며 〈그림 1-2〉같이 떨어진 물체는 서로 접근한다. 이에 의해 지구 중력은 둥근 지구에 의한 중력임을 알게 된다. 이렇게 중력 효과를 완전히 상쇄하는 데는 공간의 각점에서 다른 운동을 해야 할 필요가 닥친다. 어려운 말로 나타내면 관성계는 국

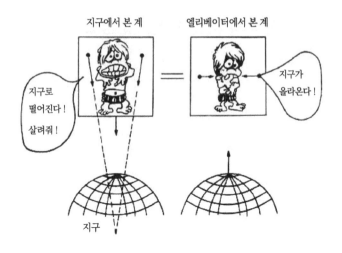

지구에서 본 계   엘리베이터에서 본 계

지구로
떨어진다!
살려줘!

지구가
올라온다!

지구

그림 1-2 | 좌표변환으로 중력이 소멸되는 것은 한 점에서 만이다

소적으로밖에 존재하지 않는다. 국소관성계에서 물리법칙이 같다는 것은
일반상대론에서의 상대성원리이다.

일반상대론에 대한 갖가지 험담

중력만을 특별 취급하는 데 대한 반대론은 앞에서 이야기했는데, 그밖
에 일반상대론에 대한 험담을 조금 알아보자.

먼저 국소관성계에 대한 상대성원리는 상대성원리로서 의의가 없다
고 험담한다. 갈릴레오는 오랫동안 배를 타고도 똑같이 생활할 수 있다는
것이 상대성원리라고 했다고 한다. 이렇게 물리현상을 기술하는 계인 이

상 어느 정도 넓이를 가진 광역적인 관성계가 아니면 의의가 없다고도 생각된다. 아인슈타인은 상대성원리를 「일반」화하기 위해 관성계의 의의를 거기까지 희생했다고도 하겠다. 만일 우주에 광역적인 관성계가 없어지면 태양중심설과 지구중심설의 구별도 없어진다.

이 관성계의 광역적 존재에 관한 문제는 마흐원리와 관련이 있다. 아인슈타인은 마흐의 이론을 실증하려 했는데, 국소관성계에서는 오히려 역방향으로 향했다고 하겠다. 이 문제에 대한 아인슈타인의 해답은 아마 그의 우주론에 있었다고 생각된다. 즉 일반적으로는 관성계의 광역적인 존재가 전제되지 않았지만 「이 우주」에서는 때마침 관성계가 광역적으로 존재하는 경우라는 것이다. 그의 이론은 너무 일반적이어서 「이 우주」만을 기술하는 동시에 그렇지 않은 우주도 기술할 수 있다는 것이다.

여기서 핏대를 세우고 떠들어대는 사람이 있을 것이다. 「우주는 하나밖에 없는데 다른 우주에 관한 법칙이 있을 수 있는가!」 일반상대론과 우주론의 관계는 확실히 꽤 까다롭다. 일반상대론은 단지 국소적 현상만을 설명하는 것인가, 그렇지 않으면 우주 전체에도 적용되는가. 또한 「우리 우주」란 국소적인 대상인가. 이 문제에 관해서는 4장 다음에도 논의해보겠다. 아무튼 이렇게까지 지나친 결론을 끌어내는 이론이란 그것만으로도 대단할지도 모르겠다.

모여드는 얼치기 이론과의 대결

　그렇다고 치고 왜 60년 동안이나 거짓인지 진짜인지 모를 상태였을까. 더군다나 이 이론이 예언한 것 중에서 이미 실험된 것은 모두 들어맞아 불리한 증거는 하나도 없다. 성급한 사람은 「그렇다면 이젠 시효가 지났으니 진짜로 해 두자」라고 말할지도 모른다. 그러나 그럴 수는 없다. 다른 물리 이론과 달리 이 이론을 검증하기 위한 실험이나 관측은 아직 아주 드물어 가뭄에 콩 나기와 같다. 더욱이 예언이 적중한 것은 모두 아주 「약한 중력」 효과뿐이다. 그런 정도라면 더 상식적인 다른 상대론적 중력 이론으로도 유도된다. 이에 대해서는 나중에 이야기하겠다. 중력의 기하학화라고 혁명적으로 말하지 않고도 지금까지의 실험결과를 설명할 수

몰려오는 얼치기 이론과의 대결

있는 이론은 여러 가지 많다.

물론 대부분이 아인슈타인 이론의 얼치기라고도 하겠으나 반드시 틀렸다고는 말하지 못한다. 아무리 아인슈타인의 사상이 기우가 장대하고 「통일」적이어서 우러러볼 만하다 해도 자연과학에 관한 이야기이므로 자연에 의해 증명되어야 한다. 이 「엄격」성은 미켈란젤로나 베토벤에게도 해당하는지 어떤지는 여기서 논의하지 않겠다.

「강한 중력」의 실험실

그럼 대체 이 혁명적인 이론의 특색은 어떤 자연현상에서 발휘되는가. 한마디로 말하면 「강한 중력」이 생긴 현상이다. 여기서 「강한」, 「약한」이란 무엇을 기준으로 하는지 알아보자. 중력의 세기는 중력 에너지의 크기로 결정된다. 지금 무게 M으로 크기가 R인 물체를 생각하면 중력 에너지는,

$$중력\ 에너지 \sim \frac{GM^2}{R}$$

이다. G는 뉴턴의 중력상수로서 R이 작아지면 얼마든지 커지는데, 물체의 질량 에너지 Mc^2과 비교하기 위해 비를 잡고 그것을 ε로 나타내기로 한다. 즉,

$$\varepsilon = \frac{GM}{Rc^2}$$

이다. 이 비는 물체의 크기가 유한이기 때문에 보통은 그다지 커지지 않는다. 질량이 큰 견본인 태양을 예로 잡고 ε을 계산하면 대략 100만 분의 1(10^{-6})이 된다. 태양 속에서는 R이 작아지기 때문에 얼핏 ε이 큰 것처럼

〈표 1〉 여러 가지 천체에 대한 $\varepsilon = \frac{GM}{Rc^2}$ 의 값

대상	ε
달	10^{-11}
지구	10^{-9}
태양계(지구 근방)	10^{-8}
태양	10^{-6}
백색왜성	10^{-3}
중성자별	10^{-1}
은하계	10^{-6}
우리 우주 블랙홀	1

생각되지만, 그렇게 되지 않고, 중력퍼텐셜은 일정 값에 가까워진다. 여러 가지 대상물에 대해 ε의 최댓값을 〈표 1〉로 나타내보았다.

ε을 크게 하려면 M이 일정하고 R이 작아지는, 즉 고밀도가 되는 것을 생각하면 된다. 중성자별이 이런 상태여서, 질량이 태양과 대략 같은데도 반지름이 태양의 10만 분의 1 이하인 천체이다. 이런 상태가 되기 위해서는 질량이 커야 한다. 예를 들면 1톤짜리 물체를 ε이 0.1이 되기까지 압축하면 반지름이 10^{-22}cm가 되어야 한다는 것이다. 이것은 소립자 1개의 크기인 10^{-13}cm보다 작아져야 하는데, 어떤 의미가 있는지 분명하지 않기 때문이다.

ε이 커지는 또 다른 대상은 우주이다. 우주는 평균 밀도가 10^{-30}g/cm³ 정도로 작은데 반지름은 100억 광년 이상이 되며 ε은 크다.

우리는 중력이 「강한」 것과 「약한」 것을 이 ε의 크기로 판단한다. 「강한 중력」 후보는 초고밀도의 별과 「우주」이다. 따라서 이것들은 강한 중력의 실험실이며, 여러 가지 중력이론의 진위를 밝히는 결전장(決戰場)이기도 하다. 약한 중력에서 같은 답이 내려진 이론도 강한 중력에서는 엉뚱하게 구별이 되는 다른 예언을 하기 때문이다.

그러나 이들 대상은 모두 대단히 복잡한 현상을 나타내며, 결코 순수한 중력실험실이 아니다. 또 이들 대상은 결코 이런 관점에서 그치는 것이 아니다. 따라서 이 책에서는 이 두 가지 대상에 대해 주로 이야기할 것인데 반드시 그런 위치에서만 보자는 것은 아니다. 하나의 자연현상은 우리에게 실로 많은 문제를 제기한다. 이것을 종합적으로 이해하지 않고서는 목표에 도달하지 못한다. 이 책의 목적은 이런 문제의 다양성을 살피는 것이다. 그와 동시에 이 두 가지 문제를 선정한 이유가 바로 일반상대론에 기인한다는 것은 이미 이야기한 바와 같다.

「약한 중력」의 정밀실험실

「강한 중력」 실험실은 중력이론을 결정짓는 곳이지만, 거기까지 이르는 데는 아직 시간적으로 이르다. 그래서 우리의 홈그라운드인 태양계 내의 「약한 중력」에서 현대기술로 가능한 한 정밀하게 실험하여 중력이론을 채치는 방법을 택한다.

금성이나 인공위성까지의 거리를 레이더를 사용하면 오차 15m 이내의

레이저로 달까지의 거리를 측정한다

정밀도로 측정되며, 월면에 레이저를 발사하여 반사함으로써 오차 30㎝ 이내의 정밀도로 거리를 측정할 수 있다. 또 대륙 간에 설치한 전파망원경의 간섭계로는 각 3×10^{-4}초라는 각도까지 측정된다. 원자시계는 오차가 1년에 10^{-14}초밖에 안 된다. 또 지상의 중력계는 10^{-10} 이내의 중력 차이를 측정할 수 있다. 이런 기술을 사용하여 약한 중력장에서 일어나는 여러 가지 이론의 차이를 써서 채쳐 보자는 것이다.

손과 윌이 이에 대해 편리한 이론을 하나 생각해냈으므로 소개하겠다.

그것은 중력이론을 될 수 있는 대로 일반적이며 확실한 관측에서부터 시작하여 가까운 장래에 가능하게 될 관측결과까지 포함한 몇 가지 테스

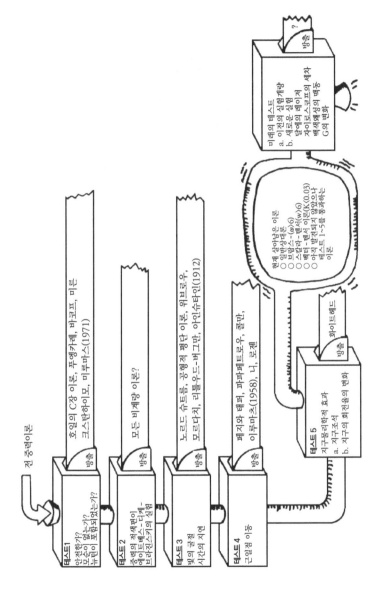

그림 1-3 | 중력이론 선별기(Will, *Physics Today*, 1972년 10월호에서)

금성으로 레이더를 발사하여 중력이론을 선별한다

트를 해서 살아남는 것과 그렇지 못한 것을 골라내는 「중력이론 선별기」
이다.

테스트 ⑴로는 「그 이론은 논리적으로 완전한가?」, 「모순이 전혀 없는
가?」 「최저차(最低次)의 근사 내에서 뉴턴 이론에 일치하는가?」이다. 여기
서 살아남지 못하는 이론 가운데는 빛을 입자로 생각하는지 파동으로 생
각하는지에 따라 중력에 의한 적색편이(赤色偏移)가 달라지므로 모순이 나
타나기도 하고 음속이 광속도가 되는 것도 있다.

테스트 ⑵는 「중력에 의한 적색편이가 관측과 들어맞는가?」, 「에이트
베스-디케-브라진스키의 실험과 부합되는가?」이다. 중력에 의한 적색편
이란 중력장 내에 있는 원자에서 나온 빛 에너지가 감소한다는 것이다.

이 테스트는 일반상대론의 세 가지 고전적 테스트 중의 하나로 유명하다. 이 실험은 처음에는 태양이라든가 백색왜성(白色矮星)으로부터 오는 빛으로 조사했는데 관측정밀도가 좋지 않았다(30%). 그러나 1965년에 높은 탑의 상하에서의 중력 차이에 의해 극히 근소하게 적색편이가 일어나는 것을 뫼스바우어 효과를 사용하여 ±1%의 정밀도로 측정하는 데 성공했다.

에이트베스-디케-브라진스키의 실험이란 갈릴레오가 피사의 사탑에서 한 실험의 근대판이다. 즉 다른 2개의 물체에 작용하는 중력가속도는 그 물체의 크기나 질에 관계없이 같다는 것, 바꿔 말하면 동시에 낙하한다는 것이다(등가원리). 브라진스키는 10^{-12}라는 정밀도를 통해 실험적으로 증명했다.

테스트 (2)의 결과 메트릭 계량이론(計量理論)이 아닌 중력이론은 살아남지 못한다. 메트릭 이론이란 ① 시공의 척도가 g_{ij}라는 메트릭으로 결정되고, ② 물체의 궤도가 그 시공의 측지선이 되며, ③ 무중력의 국소관성계에서는 특수상대론이 성립된다는 세 가지 조건을 충족하는 이론을 말한다. 일반상대론은 메트릭 이론의 대표적인 것이다.

테스트 (3)은 「태양 부근에서 빛이 굴절하는 것이 관측과 일치하는가?」, 「태양 부근에서 빛이 지연되는 것이 관측과 맞는가?」이다. 태양 부근에서 빛이 굴절된다는 것은 영국의 대천문학자 에딩턴이 처음으로 관측하여 일반상대론의 증거라고 생각했다. 이것도 고전적 세 가지 테스트 중의 하나이다. 에딩턴의 관측정밀도는 30%밖에 안 되었다. 그러나 준성 3C273, 3C279가 태양의 천구상에 극히 가까운 위치를 통과하는 현상을 전파의 대륙 간 간섭계로 측정함으로써 정밀도가 비약적으로 향상했다.

또 태양 부근을 빛이 통과할 때 시간이 지연되는 것은 최근에 처음으로 관측된 현상이다. 수성, 금성으로 레이더 전파를 발사하여 그 반사파를 수신하는 것과 인공위성으로부터의 전파를 수신하여 상세히 조사되었다.

테스트 (3)의 결과, 빛의 굴절을 예언하지 못한 이론, 빛의 굴절을 반밖에 예언하지 못한 아인슈타인의 1912년의 이론(일반상대론이 아닌) 등이 살아남지 못하고 제외됐다. 제외된 이론의 대부분은 시공이 적당한 공형변환(共形變換)으로 평탄한 시공에 변환되는, 이른바 공형적 평탄이론(共形的 平坦理論)이었다.

테스트 (4)는 「수성의 근일점 이동이 관측과 맞는가?」이다. 이것도 고전적 세 가지 테스트 중의 하나이다. 수성의 궤도는 타원인데, 그 궤도가 태양에 가장 가까운 점(이것을 근일점이라 부른다)이 1세기 동안에 각도로서 43초 이동하는 것이 관측적으로 알려졌다. 이것은 뉴턴 이론으로는 해결하지 못하지만 일반상대론이 예언한 것은 관측값과 대단히 잘 일치한다. 브란스-디케의 이론으로는 이것이 4초쯤 맞지 않는다. 그런데도 디케는 다음과 같이 반론했다. 태양의 중심 부근을 우리는 보지 못하지만 대단히 빨리 회전할 것이다. 그러면 태양은 구가 아니고 타원체가 된다. 이 효과에 의한 보정이 꼭 4초이므로 관측과 들어맞는다. 우리에게는 태양 내부에 대한 지식이 부족하기 때문에 현재로서는 디케의 반론에 대해 옳다거나 틀렸다고 말할 수 없으므로 그들의 이론은 테스트 (4)를 통과한다.

테스트 (4)에서 밀려난 여러 이론은 모두 광역적 관성계(3차원의 절대공간)가 존재한다고 가정한 이론이다. 만일 광역적 관성계가 있다고 하면 태양계는 그에 대해 거의 매초 200㎞로 운동할 것이다. 태양이 은하의 중심을 회전하는 운동을 생각해보면 알게 된다. 이러한 광역적 관성계에 대한 운동이 있다면 근일점의 이동이 대단히 커지므로 관측과 맞지 않는다.

테스트 (5)는 지구물리학적 효과이다. 앞에서 이야기한 광역적 관성계를 가정하는 이론은 지구가 12시간마다 근소하게 변형되는 현상(지구조석)을 예언했는데 그 값이 관측보다 지나치게 크다. 그러므로 이들 이론은 테스트 (5)에서 밀려날 것이다. 벡터-텐서 이론도 광역적 관성계를 가정했는데 파라미터를 적당히 선정하면 관측과 일치하지 않는 점은 피할 수 있다.

아인슈타인의 옆구리에 박힌 가시

1922년에 화이트헤드가 제출한 원격작용이론은 대단히 간단한 형식으로 되었고, 테스트 (4)까지 모두 통과했다. 그러므로 화이트헤드 이론은 아인슈타인의 겨드랑이를 찌른 가시라고 일컬어졌다. 그러나 화이트헤드 이론으로는 은하에 의해 24시간 내내 지구조석이 발생해야 한다는 것이 밝혀졌다. 이것은 상세한 관측과 모순된다. 그러므로 화이트헤드 이론은 그때 50년의 일생을 끝마쳤다.

이런 연유로 테스트 (1)에서 (5)까지 통과한 이론은 앞으로 나올 것과 아직 테스트를 거치지 않은 것을 제외하면 4가지이다. 즉 일반상대론, 브란스-디케 이론, 브란스-디케 이론을 더 일반적으로 확장한 스칼라-텐서 이론, 벡터-텐서 이론이다.

일반상대론을 제외한 세 이론은 어느 범위 내에서만 파라미터가 관측과 맞는다. 더군다나 파라미터가 어떤 극한값을 취하면 그 이론들은 일반상대론과 일치한다. 일반상대론은 나온 지 오래되었고 비교적 간단한 형식을 가지면서 끝까지 무사히 살아남았는데, 이는 참으로 놀랄만하다.

2장

별의 종말

태양 같은 별의 반지름이 수 ㎞까지 수축되면 강한 중력이 생긴다고
했는데 실제 그렇게 작게 수축할까? 또 그것을 어떻게 발견할 수 있는가?
이런 문제는 별의 진화가 어떻게 끝나는가 하는 문제와 관련된다. 여기서
는 이 문제에 대해 알아보자.

1. 굵고 짧게, 가늘고 길게 – 별의 일생

별이 방출하는 에너지

태양은 끊임없이 방대한 에너지를 방출한다. 매초 4×10^{33} 에르그가 되는 양인데 실감이 나지 않는다. 지구가 받는 양은 이의 1억 분의 1 이하이다. 그리고 대기 등에 반사되는 것을 제외하면 지상에서 받는 에너지는 평균 2cal/분 · ㎠가 된다. 따라서 1㎡에는 1일 1만 kcal 이상 받는다. 이것은 사람이 하루에 먹어야 하는 3,000kcal와 맞먹는다. 지상에서의 에너지 순환량은 〈그림 2-1〉에 나타냈다.

인간의 사회적 활동에 필요한 에너지의 태반은 화석 에너지를 사용한다. 그러나 이것도 과거에 태양 에너지의 덕을 입은 것으로 언젠가는 바닥이 난다. 따라서 태양으로부터 정상적(定常的)으로 공급되는 에너지보다 훨씬 낮은 비율로 소비를 억제하지 않으면 눈앞에서 파탄이 펼쳐진다.

태양은 항성 중에서는 평균적인 별인데 무게는 지구의 수십만 배가 되는 2×10^{33}g이다. 항성에는 무게가 이보다 10분의 1 이상 가벼운 것도 있고, 수십 배 이상 무거운 것도 있다. 방출되는 에너지, 즉 별의 밝기는 무

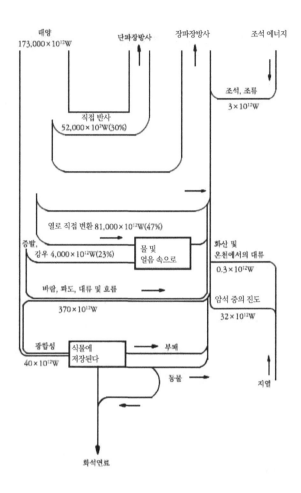

그림 2-1 | 지구 시스템에서의 에너지의 흐름
(M. K. Hubbert, *Scientific American.* 1971에서)

거운 별일수록 밝고, 또 질량이 10배가 커지면 몇백 배 밝아진다. 즉 (질량)/(밝기)는 질량과 더불어 작아진다.

별은 핵융합로

태양은 평균 밀도가 1(g/㎤) 정도 되는 가스구(球)로서 표면은 6,000℃ 정도인데 중심부는 1000만 도에 가까운 고온이다. 거기서는 열핵융합반응으로 에너지가 생성된다. 발생한 에너지는 끊임없이 표면을 향해 흐르고 표면에서 복사되어 방출된다. 현재 태양에서는 수소가 헬륨으로 변환되는 융합반응이 진행되고 있다. 이 반응에서는 수소 1g당 약 10^{18}에르그의 에너지가 나온다. 이것은 이른바 아인슈타인의 관계식 $E=mc^2$[에너지=질량 $\times$(광속도)^2]으로 알려진 최대 에너지의 수백 분의 1에 도달한다. 이것은 대단히 높은 효율이며, 화약 같은 화학 에너지에서는 최고 효율이라도 이의 약 100만 분의 1밖에 안 된다.

이렇게 효율이 좋은 연료를 태워도 연료는 유한하므로 언젠가는 다 써

태양은 안전한 핵 융합로

버리게 된다. 그런데 별을 구성하는 물질은 그중 일부는 연료가 되지만 그 밖의 대부분은 융합로의 재료 구실만 하고 있을 뿐이다. 중심을 고온으로 유지하기 위해서는 주위를 어떤 물체로 싸서 중력이 흩어지지 않게 억제해야 한다.

이렇게 만들어진 노(爐)는 더모스태트(온도조절기)가 달린 안정한 노 구실을 하며 결코 잘못 가동되거나 꺼지지 않는다. 만일 온도가 높아져 반응도가 올라가면 에너지가 필요 이상으로 나오므로 다음 단계에서는 노의 압력이 올라가서 노가 팽창하고 온도가 내려가 원상태로 돌아간다. 이와는 반대로 온도가 너무 내려가면 노가 수축되어 데우기 때문에 원상태로 되돌아간다. 이 온도조절기 덕분에 태양은 실로 100억 년 동안이나 대략 같은 비율로 에너지를 방출하는 것이다.

연소가스가 다음 연료로

시간이 지남에 따라 수소는 줄어들고 연소된 가스인 헬륨이 가득 찬다. 그렇게 되면 상대적으로 무거워진 연소가스가 중력에 의하여 더 무거운 밀도로 수축된다. 그에 따라 온도도 올라가서 **헬륨을 태울만한 더 높은 온도의 노**가 된다. 핵융합반응은 플러스끼리 서로 반발하는 원자핵을 합쳐서 핵반응시켜야 한다. 그 때문에 무거운 핵일수록 높은 온도가 되게 해서 접근하기 쉽게 할 필요가 있다.

이 과정에서 별의 외관은 태양의 100배가 되는 거성(巨星)으로 팽창하는데, 여기서는 별의 중심부의 변화만 알아보자.

　헬륨의 연소가스는 탄소와 산소가 혼합된 것이다. 다음에 탄소가 타면 네온, 그다음에 마그네슘, 규소의 순서로 무거운 원소가 되고 끝으로 철이 된다. 철은 원자핵 중에서는 제일 안정적인 것이므로 연료로는 쓸모없기 때문에 융합반응이 끝난다. 이상의 반응계열에서 시간적으로 봐서 제일 오래 걸리는 것은 처음에 일어나는 수소연소이며, 그다음 단계는 금방 끝난다. 즉 별의 일생의 길이는 대략 이 수소연소 시대의 길이로 결정된다. 태양은 대략 100억 년이다.

　연료의 양이 대체적으로 질량에 비례한다고 생각해보자. (질량)/(밝기)가 질량과 더불어 작아진다는 것은 무거운 양일수록 수명이 짧아져 태양의 100배 가까운 별은 100만 년밖에 안 된다는 것이다. 한편 가벼운 별은 태양보다 수명이 길다. 별의 수명은 격에 맞지 않게 밝게 빛나면서 짧게 끝나거나, 가늘게 빛나면서 오래 사는 것, 둘 중 하나이다. 굵고 짧게, 가늘고 길게 산다.

2. 무거운 것일수록 잘 수축한다
― 종말의 네 가지 형태

전자가스의 축퇴 ― 백색왜성

100억 년이라는 시간은 우주의 나이이다. 태양보다 가벼운 별 가운데는 아직 일생을 마친 별은 없고, 별의 종말은 대체적으로 굵고 짧게 산 무거운 별 이야기이다. 이하 「가벼운 별」이라 할 때도 태양보다 무거운 별 가운데서 「가벼운 별」이라는 뜻이다.

종말 형태는 대략 별의 질량으로 결정되며 오늘날의 이론적 예상으로는 〈표 2〉처럼 된다. 이 결과를 이해하는 데는 별의 무게를 지탱하는 압력이 무엇에 의지하는지를 알 필요가 있다. 〈그림 2-2〉는 별의 중심의 밀도와 온도를 나타낸 것이다.

「가벼운 별」 A는 수축하여 밀도가 오르면 「전자축퇴(電子縮退)」 압력의 영역에 들어간다. 양자역학에서는 입자를 작은 공간에 가둬 놓으면 빨리 운동한다. 공간의 길이를 ℓ 라고 하면 운동량 p는,

$$p \sim \frac{h}{\ell}$$

이다. 여기서 h는 플랑크 상수이다. 한편 전자와 같이 스핀이 반정수(半整數)가 되는 입자(페르미 입자)는 같은 상태가 겹치므로 존재하지 못한다. 따라서 밀도가 오르면 하나하나의 입자에 할당되는 영역이 감소하기 때문에 입자는 격하게 운동하기 시작한다. 그리하여 이 운동에 의한 압력 쪽이 열운동에 의한 압력보다 커진다.

〈표 2〉 별의 종말의 네 가지 형태

	질량	
A	~4M$_\odot$	백성왜성
B	4~8M$_\odot$	"nothing"
C	8~30M$_\odot$	중성자별
D	30M$_\odot$ 이상	블랙홀

M$_\odot$은 태양의 질량=1.985×10^{33}g

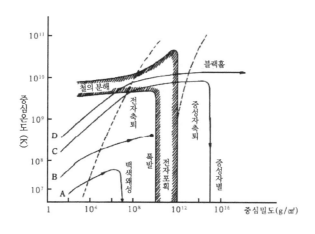

그림 2-2 | 여러 가지 질량의 별의 진화형태

이것이 그림에서 「축퇴압력」의 영역이다. 질량 m인 입자 에너지는 대략 $(h/\ell)^2/2m$이므로, 같은 밀도에서는 m이 작은 전자의 축퇴압력이 먼저 커진다.

축퇴압력은 온도와 관계없으므로 이 영역에 들어가면 어떤 연소단계가 끝나서 불이 꺼져도 중력수축이 일어나지 않는다. 따라서 고온로가 구성되지 못하여 핵연소는 여기서 정지된다. 예를 들면 헬륨이나 탄소가 생긴 단계에서 정지된 경우는 그 후 새로운 에너지가 발생하지 않으므로 여열(餘熱)로 잠시 빛나지만 점차 어두운 별이 되어버린다. 이 여열로 빛나는 단계가 백색왜성(白色矮星)이다.

잘못된 핵연소 — nothing

〈그림 2-2〉에서 「중중성(中重星)」 B는 헬륨이 타버린 뒤에 축퇴영역으로 들어간다. 연소가스는 중심으로부터 차기 시작하므로 중심부에 탄소의 코어가 생기고, 이 코어 주위에서는 여전히 헬륨이 타고 있고, 탄소 코어의 질량은 서서히 증가한다. 그리고 이 탄소 코어의 질량이 어느 값보다 커지면 축퇴압력으로 이 코어의 중력을 지탱하지 못하게 되어 수축한다. 이런 점이 가벼운 별과 다르다.

수축하면 온도가 높아져 탄소에 불이 붙는다. 그리하여 열이 발생해도 팽창하여 이것을 끄는 온도조절기 작용이 이번에는 작동하지 못한다. 왜냐하면 이 열에 의한 압력은 축퇴압력에 비하면 처음에는 작고, 중력은

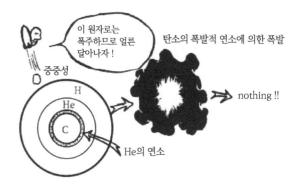

핵연소의 폭주

이 큰 축퇴압력과 균형이 잡히기 때문이다. 이 때문에 핵연소는 더욱더 증대하여 폭주(暴走)한다. 열에 의한 압력이 중력을 웃돌 만큼 증대했을 때 는 이미 때가 늦어 팽창해서 불을 끌 수 없게 된다. 이렇게 별은 폭발상태 가 되고 모든 것이 날아가 버려 아무것도 남지 않는다고 생각된다. 종말은 **nothing**이다.

에너지가 수축하면 폭발한다 — 중성자별

다음에는 「무거운 별」 C이다. 이 별은 〈그림 2-2〉처럼 축퇴영역을 피 해서 진화한다. 따라서 순조롭게 차례차례로 고온로를 만들고 종착점인 철까지 간다고 볼 수 있다. 이렇게 되면 이제는 에너지를 생성하지 않으 므로 중력수축은 일방적으로 진행된다. 처음에 온도가 오르지만 그러는 동안에 철이 헬륨으로 깨지는 반응이 일어난다. 그러나 이것은 흡열반응(吸熱反應)이므로 압력은 더욱 저하되고, 더욱더 중력수축에 제동이 걸리지 않게 된다.

또한 물질과 상호작용이 대단히 약한 중성미자라는 소립자가 발생하여 에너지가 밖으로 급격히 나가므로 온도 상승이 멈추고 다시 축퇴영역으로 들어간다. 이번에는 여기서는 전자가 원자핵 중 양성자에 흡수되어 중성자로 변환되는 반응이 일어난다. 이렇게 되면 전자수도 줄어서 축퇴 압력은 밀도의 증가에도 불구하고 증가하지 않게 된다. 이와 동시에 물질은 중성자화되어 간다. 처음에는 원자핵이 중성자가 많은 것으로 변해간다. 그동안에 원자핵은 녹아버려 핵자가 일률적으로 찬 핵물질상태가 된다. 대부분이 중성자로 조성되고 그 수 %가 양성자와 전자이다.

이렇게 「무거운 별」 중심부에는 중성자로 된 코어가 생겨 밀도가 자꾸 올라간다. 그러는 동안에 이 코어가 갑자기 딱딱해진다. 그때의 밀도는 원자핵 중에서의 밀도(3×10^{14}g/㎤)보다 조금 커진다. 이것을 이해하는 데는 핵력의 성질을 알 필요가 있다.

원자핵은 핵력으로 결합하고 있으므로 인력인데 서로 더 가까워지면 반발력으로 변한다. 핵자는 서로 접근하지 않는 강체심[1](Hard Core)을 가지고 있다. 원자핵 중에서는 이 강체심이 서로 접촉되지 않을 정도만큼

---

1 두 핵자(중성자와 양성자)가 가까워지면 처음에는 인력이 생기다가 아주 가까이 접근하면 강력한 반발력이 생긴다. 이 반발력을 강체심(Hard Core)이라 부른다.

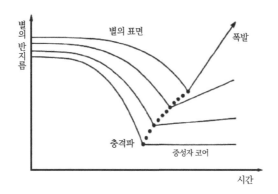

그림 2-3 | 무거운 별의 폭발. 중심부의 딱딱한 중성자 코어의 표면으로부터 발생한 충격파가 별을 날려 버린다

혼잡한데 별의 중심에 있는 중성자 코어는 더 혼잡하여 강체심이 서로 부딪치게 된다. 이때 별의 중심 코어는 갑자기 딱딱하게 되어 수축이 정지된다. 정지될 때 발생하는 에너지는 충격파가 되어 외부로 전도된다. 한편 코어를 둘러싸는 주위 물질은 아직 그렇게 딱딱하지 않으므로 자꾸 떨어져 내려 이 딱딱한 것에 부딪혀 반발된다. 그것과 충격파 때문에 낙하된 것은 날아가 버리고 대폭발을 일으킨다.

이 폭발은 앞의 「중중성」과는 약간 메커니즘이 다르므로 주의해야 한다. 중중성은 보통 우리가 알고 있는 화약이 폭발할 때와 비슷하다. 지금의 폭발은 화약처럼 폭발하는 것이 아니고 중심부에 남은 중성자 코어의 중력 에너지가 주위의 물체를 날려버린 것이다. 따라서 이런 폭발로는 중심에 극도로 수축된 천체가 필연적으로 남아야 한다. 이것이 중성자별이다.

자신의 몸무게를 견디지 못하여 - 중력붕괴

끝으로 「더 무거운 별」 D를 알아보자. 중력수축으로 핵자에 코어가 생기기까지는 「무거운 별」인 경우와 같다. 다른 점은 별 전체의 질량이 무겁기 때문에 중심 코어도 크고 자신의 무게를 딱딱한 강체심으로도 지탱하지 못한다. 핵자의 코어가 스스로 파괴되지 않기 위한 어떤 최대 질량이 존재한다.

「두부를 얼마나 크게 만들 수 있는가?」 하는 문제가 있다. 어떤 사람이 계산했더니 삼일빌딩만큼 크게 만들 수 있다고 한다. 이 문제는 두부라는 취약한 물체로 지상에서 스스로의 무게로 파괴되지 않는 최대 질량을 문제 삼은 것이다. 여기서 문제로 삼는 것은 이와 반대로 우리가 알고 있는 제일 딱딱한 핵자의 강체심이 자기 중력으로 파괴되지 않는 최대 질량에 대한 문제이다. 이 물음에 대한 답은 아직 완전하지 않지만 대략 태양의 2배 정도라 생각된다. 맥이 풀리는 작은 값이다.

가벼운 가스체라도 이만한 질량은 지탱할 수 있지 않은가 생각할지도 모른다. 그러나 중력의 세기는 질량만으로 결정되는 것이 아니고 별의 크기에 따라 좌우됨을 상기해야 한다. 이 중성자별은 무게가 태양 정도인데도 반지름이 겨우 수 킬로미터이다. 따라서 1장에서 말한 「강한 중력」이 실현되고 있는 것이다.

일반상대론에서는 무거운 별이 스스로 파괴되는 것은 더욱 필연적이다. 중력을 지탱하는 압력이란 거기에 에너지가 있다는 것이다. 상대론에서는 에너지, 즉 중력원(重力源)이므로 중력을 지탱하다가 도리어 중력을 증대시킨다는 개미 쳇바퀴 도는 격이 되어 버린다.

이리하여 수축이 정지되지 않고 한없이 수축된다. 이것을 중력붕괴라 부른다. 그렇게 되면 표면 부근의 중력은 더욱더 세져 일반상대론에서 말하면 시간－공간이 일그러진다. 이러한 상태를 일단 블랙홀이라 부르자. 이에 대해서는 3장에서 자세히 설명하겠다.

무거운 별도 가벼워진다

이상과 같이 별의 종말은 대체적으로 질량에 따라 달라지는데, 별의 질량이 진화하는 동안에 반드시 일정하지 않다는 것에 주의해야 한다. 예를 들면 태양보다 가벼운 별은 아직 종말기에 들어서지 않았을 터인데도 태양보다 가벼운 백색왜성이 되는 일이 흔하다.

이것은 수소연소가 끝난 별에서는 핵연소가 비교적 표면 가까이에서 일어나기 때문에 광도가 크고 가스가 폭발하거나 표층 부분이 불안정해져 맥동을 시작해 가스를 방출하거나, 그 밖의 여러 가지 원인으로 무게가 줄어들기 때문이다. 또 폭발이 일어나면 가스가 날아가 버리므로 당연히 가벼운 별로 변한다. 이로 인해 도중에서는 무거운 별이 되어 급히 지나가고, 마지막에는 가벼운 별로 변신한다.

3. 중성자별은 돌고 있었다 — 펄서

별의 종말은 한마디로 말해 조밀한 천체가 되는 것이다. 백색왜성은 지구보다 훨씬 크고, 중성자별과 블랙홀은 수 km에서 수십 km가 된다. 이렇게 작은 것을 어떻게 천문학적으로 발견할 수 있는가? 이것이 다음 문제이다. 백색왜성은 생략하고 먼저 중성자별을 이야기하자. 그리고 다음 4절에서 블랙홀을 알아보자.

수축하면 빨리 회전한다

어떤 일정한 주기로 전파를 펄스상(狀)으로 방출하는 천체인 펄서가 먼저 발견되었다. 전파의 주기는 짧은 것이 30ms이었고, 길어도 수초 정도였다. 가시광선이나 X선같이 주기가 짧은 것은 펄스를 같은 주기로 내고 있음이 알려졌다. 더 세밀하게 전파의 주기를 측정했더니 주기가 완전히 일정하지 않고 천천히 길어지고 있다는 것이 모든 펄서에서 확인되었다. 주기가 짧은 펄서일수록 주기가 길어지는 시간이 작아, 수백 년 동안에 주기가 2배가 될 정도였다. 한편 긴 주기는 수천만 년이 걸릴 것이었다.

우주의 등대 펄서

이렇게 정확한 주기로 전파를 내고 있다는 사실과 그 주기가 천천히 길어지고 있다는 사실로부터 펄서의 정체는 회전하는 중성자별이 아닌가 생각된다.

중성자별 표면의 어떤 부분으로부터 등대의 불빛처럼 전파가 한 방향으로만 복사된다고 하자. 중성자별이 회전(자전)하는 데 따라 마치 등대 불빛이 보이기도 하고 안 보이기도 하는 상태가 펄서라는 것이다. 주기가 길어지는 이유는 회전에 어떤 제동이 걸려 점차 회전이 늦어지기 때문이라는 것이다.

왜 이것이 중성자별인가. 1초 이하의 회전주기로 돌아도 원심력으로 날아가 버리지 않기 위해서는 대단히 강하게 중력으로 속박해둘 필요가 있다. 그런 별은 중성자별이 아니면 불가능하기 때문이다. 그리고 별의 회전은 반지름이 작아지면 저절로 자꾸 빨라지는 성질이 있다. 따라서 중성자별처럼 수축된 별이 빨리 회전하는 것은 당연하다고 하겠다. 예를 들면 현재 태양은 27일 정도의 주기로 천천히 회전한다. 이 반지름이 10만 분의 1로 수축하면 회전주기는 가장 큰 경우라도 그 제곱, 즉 100억 배나 빨라진다. 이것은 각운동량이 보존되기 때문이다. 마치 피겨 스케이터가 처음에는 팔을 벌리고 회전하다가 차츰 팔을 오므리면 회전이 빨라지는 현상과 같은 이치이다. 따라서 수십 ms라는 짧은 주기도 놀랄 일이 아니다.

회전하는 자석

그러면 어떤 제동이 걸려서 회전이 늦어지는가. 회전이 늦어진다는 것은 그 몫의 에너지가 다른 형태로 변했다는 뜻이다. 이 에너지 방출률은 대략 펄서로부터의 복사 강도와 일치한다. 따라서 회전 에너지를 복사로 바꾸는 메커니즘이 제동된다고도 하겠다. 그럼 그 메커니즘이란 무엇인가.

이 물음은 아직 완전히 풀리지 않았다. 그러나 대체적인 관점에서는 중성자별이 큰 자기장을 가지며 그것이 중개구실을 한다고 생각되고 있다. 이렇게 가정하면 이번에는 복사 강도로부터 자기장 강도가 추정된다. 이 값은 $10^{11} \sim 10^{12}$가우스라는 극단적으로 큰 값이다. 이렇게 센 자기장에서 원자의 형태는 자기장과 평행한 방향에서는 그다지 다르지 않지만 수직 방향에서는 보통 크기의 100분의 1이 되어 길쭉한 원자가 되어 버린다. 이온화 에너지도 100배 이상 커진다. 이들이 결합해서 만들어지는 고체는 굉장히 단단해 전자가 선상(線狀)으로 운동할 수 있는 1차원 금속이 된다. 중성자별의 표면에는 이런 딱딱한 막대 모양의 원자가 듬성듬성 서 있다.

이번에는 표면으로부터 별 내부로 파고들어 보자. 표면 근처는 이온이 정연하게 격자상으로 배열된 고체인데, 전자는 축퇴 에너지가 크기 때문에 자유롭게 운동하는 일종의 금속상태가 된다.

100억 도인데 극저온이라니

이 고체의 표층껍질 내부는 중성자물질이다. 그런데 흥미롭게도 이 물질은 초유동상태(超流動狀態)이다. 실험실에서 초유동상태를 재현하는 데는 헬륨을 극저온인 절대온도로 2.17K까지 냉각시킬 필요가 있다. 초유동이란 점성이 0이 되는 상태이다. 이렇게 초유동은 극저온물리학에서 다루는 소재인데, 중성자별에서는 온도가 10억 도 정도 이하가 되면 초유동으로 된다.

초유동이 되는 데는 2개의 각운동량이 반대 방향으로 된 입자가 강하게 결합하여 쌍으로 되는 데 원인이 있다. 페르미 입자[2]는 축퇴되면 상호

---

2 양성자와 중성자와 전자는 페르미 입자, 광자와 파이중간자는 보즈 입자라 불리고, 통계역학적 성질이 다르다. 축퇴현상을 일으키는 것은 페르미 입자이다.

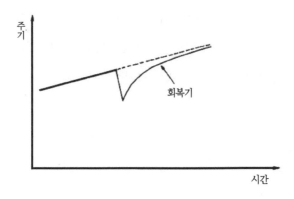

그림 2-4 | 펄서의 그리지

작용을 하지 못한다. 상호작용하여 운동상태를 바꾸려 해도 그 상태가 다른 입자로 점유되기 때문이다.

다만 예외로는 페르미 에너지(하나의 상태에는 한 입자밖에 들어가지 못하므로 에너지 상태는 아래로부터 어느 값까지 차 있다. 이 상한을 페르미 에너지라 한다) 부근에 있는 것은 조금 뛰어올라 다시 빈 상태가 되면 상호작용할 수 있다. 이 상호작용이 인력이면 뛰어오른 몫의 에너지보다 많은 결합 에너지를 얻을 가능성이 있기 때문이다. 이 때문에 페르미 에너지 상단에 있는 입자는 쌍을 만들어버리므로, 그 결과 에너지 스펙트럼에 갭이 생긴다. 이 갭은 쌍을 파괴하는 데 필요한 에너지와 같은 정도이다.

이 갭이 생기면 점성이나 전기저항(하전 입자인 경우)이 없어진다. 운동 에너지나 전류를 열로 바꾼다는 것은, 미시적으로는 입자의 운동 에너지를 들뜨게 하는 것인데 갭이 생기면 이를 뛰어넘을만한 에너지 덩어리가 있어야 한다. 그렇지 못하면 유체운동이나 전류 등 거시적운동을 그대로 유지하는 것 이외에 방법이 없기 때문이다. 이것이 초유동의 개략적인 메커니즘이다.

실험실에서 만들어 내는 초유동은 전자쌍의 결합 에너지가 대단히 작기 때문에 이것이 파괴되지 않을 정도의 극저온으로 할 필요가 있었다. 그러나 중성자 쌍은 핵력으로 단단히 결합하였으므로 10억 배나 더 고온인데도 「극저온」이라는 것이다.

이 초유동상태를 관측적으로 검증했다고 하는 다음과 같은 논의가 있다. 펄서의 주기를 관측하면 때때로 그리지라고 불리는 변동을 나타낸다 (그림 2-4). 주기가 갑자기 짧아졌다가 서서히 회복하는 현상이다.

이것은 다음과 같이 설명된다. 중성자별이 근소하게 수축했을 때 표층의 고체껍질은 스무드하게 수축되지 않고 주름이 생긴다. 그리고 어느 정도 주름이 커지면 순간적으로 파괴되어 떨어져 버리고 갑자기 회전속도가 증가한다. 이것은 마치 지표에서의 지진 메커니즘과 같으므로 「성진(星震)」이라 불린다.

그런데 처음에는 표층만 빨리 회전하다가 점성에 의해 중심부의 초유동 부분에도 서서히 회전이 전이되어 표층의 회전은 조금씩 늦어진다. 이 회복기의 시간을 계산하면, 만일 유체가 초유동하지 않으면 10^{-4}초라는 짧은 시간이 된다. 그러나 초유동한다면 이것이 1개월이라든가 1년이라는 규모가 되어 관측과 일치한다. 초유동이라도 실은 점성이 완전히 0이 아니다. 와사(渦絲)라고 불리는 가는 관(반지름이 10^{-12} cm)이 많이 발생하여 표층의 각운동량이 천천히 초유동 코어에도 전이되기 때문이다.

이렇게 설명하면 만사가 잘된 것 같았는데, 그 후 어떤 펄서에서는 너무 빈번히 그리지가 일어났기 때문에 모든 것을 성진이 일어나는 이치로 설명할 수 없게 되었다. 그래서 더 속에 있는 중성자층도 고체로 되었다는 설이 나왔다. 그러나 고체인지 어떤지 아직 분명하지 않다.

정체를 모르는 하이퍼론 코어

중성자 물질층의 더 중심부는 핵자보다 무거운 하이퍼론이라고 불리는 여러 가지 소립자로 구성되어 있다고 생각된다(그림 2-5). 이 정도로 초고밀도가 되면 이제는 오늘날의 물리학으로는 어림도 없다. 물론 수많은 새 이론이 제안되었지만 가짜인지 진짜인지 모르는 것이 오늘날의 현상이다. 그러나 어쨌든 특수상대론이 옳다고 가정하면 중성자별의 최대 질량을 추정하는 데는 별 불편이 없다.

그렇다고 해도 중성자별이 이렇게 정체불명의 중심부를 가졌다는 것은 어딘지 기분이 이상하다.

살인전파의 방출

다시 한번 중성자별 바깥쪽으로 돌아가자. 자석을 가진 별이 회전하면 무슨 일이 일어날까? 다음 두 가지 효과가 중요하다.

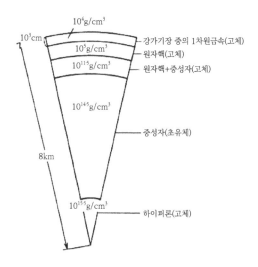

강가기장 중의 1차원금속(고체)

$10^4 g/cm^3$

$10^5 g/cm^3$

원자핵(고체)

$10^{11.5} g/cm^3$

원자핵+중성자(고체)

$10^{14.5} g/cm^3$

중성자(초유체)

$10^3 cm$

8km

$10^{15.5} g/cm^3$

하이퍼론(고체)

그림 2-5 | 중성자별의 내부구조 (*Ann. Rev. Ap. & Astron.*, vol. 10, 1972, Rudermann의 그림에서)

그중 하나는 회전축과 자기장의 대칭축이 평행할 때 일어난다. 극과 적도 사이에 전위차가 생긴다. 그 때문에 별 주위의 하전 입자가 전기적으로 끌리기도 하고 별 표면으로부터 튕겨나기도 한다. 그러나 상대론적 에너지로 가속된 입자의 흐름이 생긴다고 생각된다.

또 하나의 효과는 회전축과 자기장의 대칭축이 경사되었을 때만 일어나는 효과로 강력한 전자기파가 방출된다. 이 전자기파가 방출되는 에너지원은 회전 에너지이므로 그로 인해 회전이 감속된다. 이 파동의 주기는 별의 회전주기와 마찬가지이므로 전파로서는 「저주파」이다. 그러나 그 강도가 굉장해서 레이저나 메이저와 같은 효과를 미친다. 예를 들면 전자기파인 이 전파로 가속된 입자는 쉽게 상대론적 에너지까지 도달해버린다. 이 파를 우리가 받으면 우리 몸속의 전자가 전부 날아가 버릴 정도로 강력한 살인전파이다. 이 입자가속기로서의 능력이 대단하기 때문에 펄서는 우주선원의 유력한 후보이기도 하다.

이러한 저주파의 「살인전파」는 그 자체로 펄서전파가 아니다. 이 「살인전파」의 에너지 일부를 이번에는 펄스상(狀)으로 된 여러 가지 복사 에너지로 전환해야 한다. 그런데 이 메커니즘은 여전히 확실한 이론이 알려져 있지 않다. 더군다나 복사되는 곳도 분명하지 않다.

펄서주기가 회전주기이기 때문에 별과 더불어 강체적(剛體的)으로 회전하는 부분에 복사점이 있을 것이라 생각된다. 표면 이외에 후보지로서는 자기권(磁氣圈)도 생각해 볼 수 있다. 강력한 자기장 때문에 표면 밖에 있는 자기권도 함께 끌리면서 회전하기 때문이다. 그러나 너무 멀면 광속도 이상이 되므로 함께 회전하지 못한다. 그래도 이 영역은 반지름의 100배 이상이나 된다.

이들 영역의 어디서 어떻게 해서 펄서가 생기는가? 펄서에 관해서는 아직 중요한 점이 밝혀지지 않았다. 그래도 펄서가 중성자별임을 의심하는 사람은 이제 없다. 1930년대 란다우나 오펜하이머 등이 예언한 이 환상의 천체는 이렇게 해서 우리 앞에 등장했다.

4. 가스를 빨아들이는 강력한 중력 ― X선별

보이지 않는 것을 보는 방법

다음에는 블랙홀을 관측하는 이야기이다. 그러나 원칙적으로 빛을 내지 않는 천체를 대체 어떻게 볼 수 있었을까? 블랙홀일지 모르는 것을 「발견」하는 데는 다음과 같은 까다로운 논의가 필요했다.

CygX-1이라는 X선별이 있다. 이것은 X선이 0.1초 정도 계속되는 펄스를 불규칙적으로 방출한다. 이 X선별이 있는 곳에 B0[3](형)의 보통 별이 있고, 이 스펙트럼선의 도플러 효과로부터 이 별은 5.6일 주기로 어떤 것의 주위를 돈다는 것이 알려졌다. 그래서 이 보통 별은 X선을 내는 정체를 모르는 천체와 연성계(連星系)를 구성한다고 생각되었다.

한편 보통 별의 질량은 그 빛깔, 기타로 판단하면 태양의 약 20배가 된다. 이만큼 데이터가 갖추어지면 다음에는 궤도면과 시선 방향과의 각도가 주어지고 「정체 모를 천체」의 질량을 구할 수 있다. 이것이 태양의 3

---

3 스펙트럼형의 이름, B0형은 태양보다 크고 푸르다.

배 이상이 되는 것은 확실하고 5배나 8배라는 값도 나온다. 이것이 관측상의 「발견」인데 이 결론만으로는 별로 신통치 않다.

이번에는 다음과 같은 이론적 「발견」이 있었다. 먼저 0.1초라는 짧은 변광(變光)은 X선이 나오는 영역의 크기가 3×10^9㎝ 이하라고 생각되었다. 즉 조밀한 별임에는 틀림없지만, 백색왜성도 중성자별도 질량에는 상한이 있어서 태양질량의 2배보다 가벼워야 한다. 따라서 이런 것은 평형한 별일 수 없다. 그러므로 이것이 블랙홀이라고 「발견」하기에 이른 것이다.

왜 X선별인가?

여기까지의 논의로는 X선별이어야 할 필연성은 아무것도 없다. 다만 연성계라고 가정하여 질량을 계산하면 된다. 또 블랙홀은 빛까지도 가두어버리므로 X선조차 내지 못할 것이다. 그런데 조밀한 별과 보통 별의 근접연성계는 필연적으로 X선별이 되는 것이 이론상 아주 그럴듯했다. 주기가 수일이 되는 근접 연성계의 궤도는 반지름이 $10^{11} \sim 10^{12}$㎝이며, 이것은 조금 무거운 별의 반지름과 별 차이가 없다. 그 때문에 한쪽이 거성(巨星)이 되면 표층가스는 다른 한쪽의 조밀한 별에까지 도달하여 이 별의 강한 중력에 의해 끌린다. 즉 거성으로부터 조밀한 별로 가스가 흘러든다.

이 모습은 별이 서로 회전하기 때문에 좀 더 복잡하다. 조밀한 별의 중력권에 들어간 가스는 똑바로 낙하하지 않는다. 각운동량이 있기 때문에 먼저 적도면에서 회전하는 원반을 형성한다. 그리고 이 원반의 회전은 각

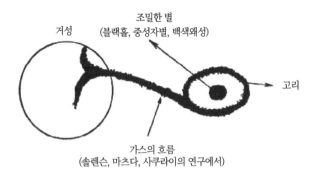

거성

조밀한 별
(블랙홀, 중성자별, 백색왜성)

고리

가스의 흐름
(솔렌슨, 마츠다, 사쿠라이의 연구에서)

그림 2-6 | 근접연성계에서의 가스의 흐름. 거성으로부터 흘러나온 가스는 동반하는 조밀한 별
쪽으로 흘러 그 주위에 고리를 만든다

운동량이 안쪽에서는 작고 바깥쪽에서는 커지므로 점성에 의해 바깥쪽으로부터 안쪽으로 각운동량이 운반된다. 이 과정에서 에너지가 없어져서 복사되어 물질은 중심부로 돌면서 서서히 낙하한다.

그럼 왜 X선일까? 그 이유는 조밀한 별의 중력퍼텐셜이 깊으므로 거기에 낙하한 운동 에너지를 열로 바꾸면 X선이 나올 만큼 고온이 되기 때문이다. 실제 백색왜성과 연성계가 되어 있는 것처럼 보이는 ScoX-1이라든가, 중성자별과의 연성계처럼 보이는 CenX-3, HerX-1 같은 X선별도 알려져 있다.

중성자별과의 연성계에서는 펄서와 마찬가지로 X선도 깨끗한 펄스상으로 방출된다. CygX-1에서는 블랙홀 속에서 에너지가 나오는 것이 아니다. 밖으로부터 이 블랙홀에 빠져들어 가고 있는 가스가 서로 충돌하여 가열되어 복사되는 것이다.

조밀한 별에 가스가 낙하하여 X선이 나온다면 하필 연성계 같은 특수한 별이 아니라도 상관없다. 고립된 조밀한 별이라도 X선별이 되지 않을까 생각할 것이다. 그러나 이때에는 가스의 원천이 성간(星間)가스가 되므로 낙하량이 대단히 작고(고립된 별에는 $10^{-15}M_\odot$년, 연성계에서는 $10^{-8}M_\odot$년, $M_\odot$는 태양질량을 나타낸다) X선이 나오긴 나오지만 강도가 대단히 작아지므로 발견하기 어렵다.

강력한 X선별이 되기 위해서는 깊은 중력퍼텐셜과 큰 가스 보급률이 필요한데 조밀한 별과의 연성계는 이 두 가지 조건이 충족된다.

그 밖의 블랙홀

CygX-1은 가장 확실한 블랙홀의 후보이다. 앞에서 말한 X선을 내는 것 외에도 이러한 별의 종말에 생기는 블랙홀이란 오늘날의 물리학을 사용한 별의 진화이론에서 기대되기 때문이다. 즉 생성되는 과정이 잘 알려져 있다.

이에 반하여 이 책 첫머리에 나온 작은 질량을 가진 블랙홀은 생성되는 과정을 전혀 모른다. 존재해야 할 필연성이 전혀 없다. 그러나 생성되는 과정을 짐작할 수 있는 것만 이 세상에 존재하는 것이라고 생각하면 너무 시야가 좁다고 하겠다. 오히려 질량에 구애받지 않고 「보이지 않는」데도 중력이 영향을 미치는 것은 무엇이든지 블랙홀 후보라는 관대한 입장에서 봐야 할지도 모른다.

별의 진화과정은 확실하게 예상할 수 없지만 별보다 훨씬 무거운 가스가 수축하면 언제라도 블랙홀이 될 위험성이 있다. 보통 이 가스체 속에 별이 생기면 별의 운동 에너지의 방출이 극단적으로 늦어지고 중력수축은 정지해버린다. 성단(星團)이나 은하계는 그런 상태이다. 그러나 만일 가스의 중력수축과정에서 별로 분열하지 않기라도 하면 단시간 내에 무한히 중력에 의해 떨어진다. 그러므로 은하나 성단이 생기는 가스체의 수축과정에는 그대로 계속 낙하하는 것이 몇 개가 있을 것이라는 논의는 어느 정도 설득력이 있다. 따라서 $10^5 M_\odot$나 $10^{10} M_\odot$의 블랙홀이 은하 속이나 은하 간 공간에 표류하고 있는지도 모른다. 특히 은하 중심핵의 활동적 현상인 준성(準星) 등에는 이런 것이 관여하고 있을지도 모른다. 꿈같은 이야기가 끝없이 펼쳐지는 곳이 우주이다.

또 전부터 있었던 수수께끼는 은하계 집단의 질량이 빛나는 은하만으로는 부족하다는 사실이다. 이럴 때는 블랙홀이 이 부족분을 보충한다고 생각하면 된다. 물론 이것이 사실이라면 이 우주를 구성하는 천체는 대부분이 블랙홀이어서 겨우 일부의 천체가 빛난다는 주객전도한 결론이 유도된다. 아무튼 보이지 않기 때문에, 있다고 믿는 사람에게 없다고 부정하는 관측적 증거를 보여주는 것은 어렵다. 물론 적극적으로 존재를 증명하는 것은 더욱 어렵다.

가짜인가 진짜인가, 믿는 자만이 구원을 받는다고 별의 종말로서의 블랙홀 이외의 블랙홀에 대해 말할 수 있겠다. 이를테면 초능력으로 스푼을 휘게 하는 마술과도 비슷하다.

3장

블랙홀의 시공구조

드디어 「강한 중력」 아래에서 시공이 어떤 기묘한 성질을 갖는다고 이야기할 수 있겠다. 기초가 되는 이론은 일반상대론이다. 이 이론의 현상은 1장과 8장에서 이야기할 것이다. 여기서는 일반론이 아니라 블랙홀을 예로 들어 강한 중력의 성질을 알아보자.

1. 시공에 뚫린 구멍

빛도 빨아들이는 중력

태양 가장자리를 빛이 지날 때 중력 때문에 빛이 굴절하는 것은 앞에서 이야기했다. 휘는 각도는 태양에 제일 가까워졌을 때 중심으로부터의 거리 l 에 반비례한다. 따라서 중력원은 태양만큼 반지름이 크지 않고, 블랙홀처럼 무한히 작으면 l 은 얼마든지 작아질 수 있으므로 각도가 커진다. 각도가 클 때는 l 에 반비례하지 않게 되는데, 계산해보면 빛은 빙글빙글 돌다가 빨려 들어감을 알 수 있다.

빛도 입자라고 생각하고 이 결과만 보면 당연한 것 같은 생각이 들어 그다지 기묘하게 느껴지지 않을지 모른다. 그러면 이번에는 안쪽에서부터 바깥쪽을 향해 빛을 방출해보자. 〈그림 3-1〉은 중력장의 중심으로부터 각각 다른 거리에서 빛을 발했을 때 빛이 밖으로 나오는 각도를 보여주고 있다. 이것을 보면 가로로 향해 방출된 빛은 안쪽으로 갈수록 중심에 빨려 들어간다는 것을 알 수 있다. 당연한 이야기이다.

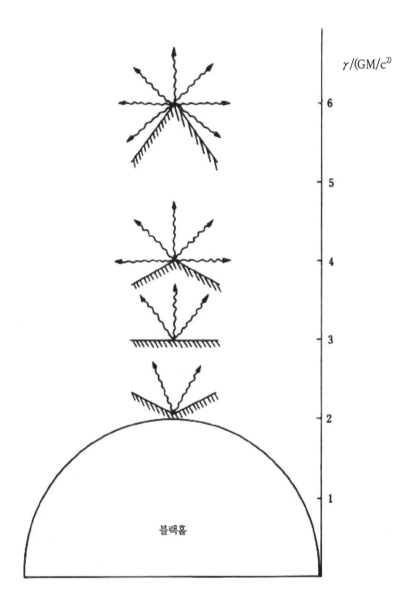

$\gamma/(GM/c^2)$

블랙홀

그림 3-1 | 중력장에서 나온 빛의 운명. 사선 방향으로 나온 빛은 블랙홀로 빠진다

〈표 3〉 중력반지름

$$r_g = 2GM/c^2$$
$$= 3(M/M_\odot)km$$
$$= 3km(\text{태양질량의 경우})$$

그런데 기묘한 일은 반지름 $2GM/c^2$에서 일어난다는 사실이다. 다음부터 이 반지름을 **중력반지름**이라 부르고 r_g로 나타낸다(표 3). r_g보다 안쪽에서는 빛은 밖으로 나갈 수 없다. 또 입자로부터 유추하면 탈출속도 이하의 것은 밖으로 나갈 수 없다는 것과 대응되는 것처럼 생각된다. 그러나 지금은 빛의 이야기이다. 빛은 반드시 일정속도로 전파되므로 곧바로 밖을 향해서 나간 빛은 밖으로 나가지 못하지는 않을 것이다. 광속도 일정이라는 특수상대론의 철칙이 깨졌을까. 그럴 수는 없을 것이다.

관성계의 미끄러짐

무엇이 변했는가 하면 빛이 일정속도로 진행하는 관성계가 낙하한다고 생각하면 된다. 빛 자체는 각 장소에서의 관성계 속을 일정속도로 진행하고 있다고 쳐도 관성계라는 지반 자체가 역방향으로 운동한다는 것이다.

방사되어 나가는 빛의 에너지를 보면 이 해석은 더 잘 이해된다. 〈그림 3-2〉는 반지름 r이 되는 장소에서 나간 빛을 무한히 먼 곳에서 보았을

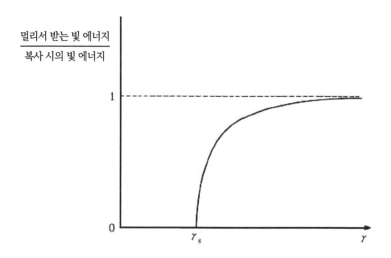

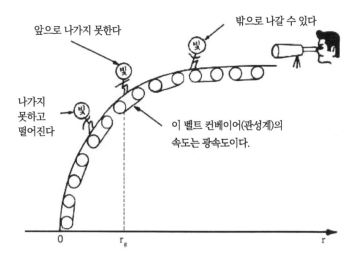

그림 3-2 | 중력에 의한 적색편이

때의 에너지를 나타낸다. 안쪽에서 나온 빛일수록 에너지가 감소해 있다. 이것은 안쪽에 있는 기반일수록 빨리 낙하하는데, 그 위로부터 나온 빛이 도플러 효과로 에너지가 감소했다고 생각하면 납득이 간다. 이렇게 중력에 의해 빛의 에너지가 감소되는 것을 **중력에 의한「적색편이」**라고 부른다.

「적색」이라는 이름은 가시광선에서 에너지가 감소하면 파장이 길어져 붉은색 쪽으로 편이 된다는 데서 생겼다. 감마선이나 전파 에너지가 줄기 때문에 붉은색 쪽으로 편이 되는 것은 아니지만 역사적으로 사용되던 이름을 지금도 사용하고 있다.

초광속도?

그러나 이 설명으로도 고개를 갸우뚱거리는 사람이 있을 것이다. 확실히 r_g까지는 자꾸 관성계의 속도가 늘어가므로 상관없는데 r_g에서 광속도가 되어 버린다. 그보다 안쪽에서는 어떻게 되는가. 초광속도(超光速度)라고 말할 수도 있겠지만 광속도 이상이 된다는 것은 상대론에서는 금기이다.

여기서 특수상대론을 잠시 복습하자. 민코프스키의 4차원공간에서 어느 시공점(어느 때, 어느 장소)을 생각하면 그에 대한 **「시간적 방향」**과 **「공간적 방향」**이 결정된다. 이 두 경계는 빛이 지나는 길이며 **빛원뿔**이라 불린다(그림 3-3). 시간적 방향은 인과적으로 연결된 부분이다. 또 어느 관성계에 고정한 시계를 **「고유시(固有時)」**라 한다.

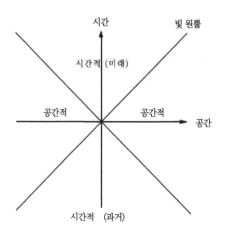

그림 3-3 | 시간적과 공간적

예를 들면 빠른 속도로 운동하는 계에서의 사건을 정지된 계의 시계로 보면 느리게 보이는데 이는 고유시의 차이 때문이다. 중력에 의한 적색편이도 고유시가 각 장소에서 다르기 때문에 생긴다. 물리적으로 시간이 경과한다는 것은 고유시가 증가하는 것을 말한다.

초광속도란 공간적 방향으로 진행하는 것인데 그 방향에서는 고유시가 허수가 되므로 물리적인 의미를 상실한다. 그런데 중력 중에서 시공은 r_g보다 안쪽에서는 지금까지 시간좌표축이었던 것이 공간적 방향으로, 지금까지 공간좌표축이었던 것이 시간적 방향으로 역전한다. 따라서 고유시가 경과하는 데는 공간좌표축 방향으로 진행해야 한다. 공간좌표값이 일정한 궤적은 반대로 공간적 방향이 되어 초광속도가 되기 때문에 허용되지 않는다.

<표 4> 고유시 t_A와 관측자 t_B의 관계

$$t_B = \frac{t_A}{\sqrt{1 - v^2/c^2}}$$

속도 v로 달리는 시계 A의 시간 t_A를
정지한 관측자가 측정하면 t_B가 된다

$$t_B = \frac{t_A}{\sqrt{1 - r_g/r}}$$

반지름 r에서 정지하고 있는 시계 A의
시간 t_A를 무한히 먼 곳에 있는 관측자가
측정하면 t_B가 된다

<표 5> 민코프스키 시공과 슈바르츠실트 시공

민코프스키 시공

$$ds^2 = c^2dt^2 - dr^2 - r^2(d\theta^2 + \sin^2\theta d\varphi^2)$$

슈바르츠실트 시공

$$ds^2 = (1 - \frac{r_g}{r})c^2dt^2 - (1 - \frac{r_g}{r})^{-1}dr^2 - r^2(d\theta^2 + \sin^2\theta d\phi)$$

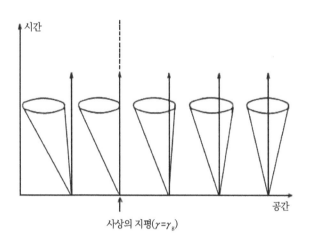

그림 3-4 | 강한 중력장 내에서의 빛원뿔의 방향

조금 까다롭게 되었지만, 요컨대 중심부로 감에 따라 자꾸 빨라지고 r_g 에서 광속도가 되고, 그 안쪽에서는 초광속도가 된 것처럼 보였는데 실은 시간적 방향과 공간적 방향이 역전한 것이다.

두 번 다시 되돌아올 수 없는 저승길

어쨌든 r_g 이내에서는 바깥쪽으로 나오는 운동은 불가능하다. 바깥쪽으로 나간 줄 알았어도 안쪽으로 끌려온다. 이 관계는 각 점에서 빛원뿔의 방향을 보면 알 수 있다(그림 3-4).

중력이 약하면 안쪽에서도 바깥쪽에도 나갈 수 있는데 r_g 보다 안쪽에서는 모두 안쪽을 향해버린다. 또 바깥쪽으로부터 r_g 에 접근하면 바깥쪽에 나간 빛은 오랫동안 r_g 근처에서 떠날 수 없다. 먼 곳에 있는 관측자가 보면 근소한 거리인데도 오랜 시간에 걸쳐 전진하는 것처럼 보인다. 그리고 오랜 시간에 걸쳐 먼 곳에 있는 관측자에게 도달한 빛은 크게 적색편이 되어 에너지가 감소한다.

그렇더라도 바깥쪽으로 나가게 된 것은 그래도 좋은 편이다. r_g 보다 안쪽에서는 일절 밖으로 나가지 못하게 된다. 그러면 안쪽과 바깥쪽의 세계는 일절 무관계한가 하면 또 그렇지는 않다. 바깥쪽으로부터 안쪽으로는 물리적 영향이 전도된다. 즉 인과관계가 미치는 방식이 일방통행이며 반투명막 같은 것이다. 이보다 안쪽으로는 들어갈 수 있지만, 한 번 들어가면 두 번 다시 돌아올 수 없는 저승길과 같다. 이러한 인과관계의 일방통

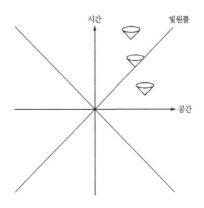

그림 3-5 | 민코프스키 공간의 빛원뿔도 일방적 성질을 갖고 있다. 빛원뿔 속으로 들어가지만, 밖으로 나오지 못한다

행면을 **사상의 지평**(事象의 地平)이라 부른다. 반지름 r_g의 이런 면을 **슈바르츠실트구**(球)라 부른다.

  실은 민코프스키 공간에서도 빛원뿔은 이런 면이다. 빛원뿔 안쪽으로 들어갈 수 있으나 그로부터 바깥쪽 영역으로는 절대로 나올 수 없다. 그러나 중력이 있는 시공에서는 보통으로 있는 공간적인 2차원면으로서 이런 면이 존재한다.

저승과 이승

  민코프스키 시공을 흉내 내어 중력이 있는 경우의 시공(슈바르츠실트 공간을 예로 잡고)을 그리면 〈그림 3-6〉같이 된다. 45°의 경사를 가진 2개의 선은 역시 사상의 지평이다. 이 공간에서는 빛이 이에 평행하게 진행하는데, 이 점을 민코프스키 시공을 흉내 내어 그렸다. 그러나 이번에는 세로축, 가로축은 단순한 시간, 공간좌표가 아니다. 보통 좌표와의 관계는 그림에서 볼 수 있다.

기묘하게도 사상의 지평 안쪽에도 바깥쪽에도 2개씩 있다. 그러나 이 공간에서의 빛과 입자의 운동을 알아보면 바깥쪽→안쪽으로는 I→II와 III→IV만이 허용되고, 그와 반대인 안쪽→바깥쪽은 II→III, IV→ I 이 허용된다.

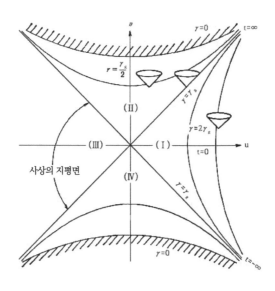

그림 3-6 | 크루스칼 좌표 u, v와 슈바르츠실트 좌표 r, t의 관계. 그림의 쌍곡선은 r이 일정한 선, 원점을 지나는 직선은 t가 일정한 선이다. 사선부는 r이 0의 특이성이고, r<r_g에서는 r이 일정한 선은 공간적으로 되어 있으므로 어떤 입자도 정지할 수 없다

앞에서 안쪽으로부터 바깥쪽으로 나가지 못한다고 말한 것과 모순되지 않는가. 모순되지 않는다. 한 번 빨려든 것이 다시 방출되는 것이 아니고, 어느 바깥쪽 공간에서 보면 빨려 들어가기만 하는 안쪽과 방출하기만 하는 안쪽, 즉 두 종류의 안쪽이 있다는 의미가 되기 때문이다. 또 어느 안쪽에서 보면 빨아들이기도 하고 토해내기도 하는데, 각각 다른 바깥쪽 공간으로 간다. 따라서 인과전파되는 일방통행이라는 성질에는 변함이 없다.

아인슈타인의 이론은 열역학이 아니므로 어느 운동이 가능하다면 시간을 거꾸로 한 운동도 가능한 것이다. 그런 점에서 볼 때 앞에서 이야기한 「들어간 것은 나오지 못한다」는 운동의 일방성은 불가능한 것처럼 생각된다.

그런데 바깥쪽과 안쪽을 앞에서 이야기한 대로 2개씩 준비하면 시간의 가역성(可逆性)과 운동의 일방성이 양립된다. 빨아들이기만 하는 것을 **블랙홀**, 토해내기만 하는 것은 **화이트홀**이라 부른다. 물론 r_g보다 큰 것이 수축해서 만들어지는 것은 블랙홀이다.

화이트홀이 어떻게 생기는가는 전혀 짐작이 가지 않는다. 단지 이론적으로 그런 것이 가능하다는 데 불과하다. 토해내는 구멍이라고 해도 중력이 반발력이 되는 것은 아니다. 역시 중력은 인력이므로 중력으로 감속되면서 나오는 것이다. 토해내는 것은 관성계에서의 초기속도를 주는 방식이 팽창하는 방향이었다는 데 지나지 않는다.

그렇더라도 안쪽도 바깥쪽도 둘씩 있다는 것은 지나친 것 같다. 그렇다면 이승과 저승이 있어서 그것이 사상의 지평을 경계로 하여 서로 이웃하고 있는 것과 같다.

시공에 뚫린 벌레 먹은 구멍

이런 관계를 보고 상상의 날개를 편 사람은 미국의 휠러이다. 우리가 I 에 있다고 하고, 거기서 빨려 들어가는 쪽이 II가 아니라 III이 되는 것은 아닐까 생각했다. 이렇게 해도 이 경계면이 일방통행면이라는 것에는 변함이 없다. II와 IV를 없애고 지평면을 경계로 하여 I과 III을 직접 연결한다. 이렇게 하면 한 번 블랙홀에 빨려 들어간 것이 다른 곳에 있는 화이트홀에서부터 이 세상에 돌아올 가능성이 생긴다(그림 3 - 7).

또 이 두 공간이 다른 이유로(예를 들면 우주공간의 곡률 때문에) 휘어서 연결된 경우를 생각해보자. 즉 I 도 III도 같은 공간인데 군데군데 구멍이 뚫려 다른 영역과 연결되어 있다는 것이다. 그것은 사과 표면이 공간이라고 하면 군데군데 벌레 먹은 구멍이 있어서 어느 것은 블랙홀이기도 하고 화이트홀이기도 하다는 의미이다.

II와 IV를 제거했기 때문에 이 세계에는 시공이라는 특이성이 아무 데도 없어졌다. 특이성이란 중력의 세기가 무한대가 되어 발산하여 아인슈타인의 이론이 적용되지 않는 곳을 말한다. 지금의 경우는 중심점이 그에 해당한다. 물론 중심 가까이에 물질이 있었다고 하면 특이성이 없어진다. 그러나 그렇게 되면 물질과 시공의 2원론이 된다.

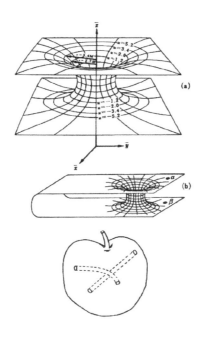

그림 3-7 | 블랙홀과 화이트홀을 연결하는 시공의 벌레 먹은 구멍
(Misner, Thorne and Wheeler, *Gravitation*에서)

　그런데 앞에서 이야기한 관점에서는 물질은 일절 필요 없다. 시공이 이상하게 된 것은 물질에 따라서 시공이 일그러졌다고 보는 것이 아니다. 거기서는 공간의 토폴로지가 조금 흩어졌다고 본다. 또는 반대로 공간의 토폴로지가 조금 흩어진 곳을 우리는 「물질」이라 부르는 데 지나지 않는다고 생각하고 싶다.

　이것은 물리법칙을 모두 기하학으로 나타내려 했던 아인슈타인의 꿈을—다소 심하게 다루기는 했지만—실현한 것이라 하겠다.

회전에 의한 관성계의 끌림

지금까지 이야기한 것은 암암리에 회전하지 않는 질량에 의한 중력장을 생각한 것이다. 이번에는 회전하는 것을 생각해보자. 뉴턴중력에서는 회전하든 회전하지 않든 중력에는 아무 영향이 없었다. 그러나 이번에는 다르다. 관성계가 낙하하는 데 덧붙여 회전 방향으로 끌려서 돈다.

지금 이러한 시공 속에서 적도면의 여러 점으로부터 사방으로 빛을 발사하여 적당한 시간이 경과했을 때 빛의 정면을 보면 〈그림 3-8〉처럼 된다. 〈그림 3-9〉는 회전하는 경우이다. 이것은 앞서 이야기한 대로 안쪽으로 가는 것에 따라 관성계는 더 빨리 낙하하고 사상의 지평 안쪽에서는 바깥쪽으로 발사한 빛도 안쪽으로 떨어져 가는 모습을 보였다. 이와 같은 효과는 회전하는 경우에도 볼 수 있는데 이때에는 그에 더하여 회전 방향으로 정면이 끌리고 있다.

끌리는 각속도는 중심부에 가까울수록 크다. 먼 곳에서는 중심으로부터 거리의 3제곱에 반비례해 작아진다. 중심에 가까워지면 낙하도 끌리는 것도 커진다. 이 그림에서는 먼저 회전에 의해 끌리는 쪽이 더 빨리 「초광속도」에 도달해 버린다. 여기서부터 안쪽에서는 회전 방향과 역방향으로 빛을 내려고 해도 되지 않는다.

여기서 지금 관성계라고 부르는 것은 중력 이외에 원심력이나 코리올리힘도 없어지는 계를 말한다. 낙하하지 않고 끌리는 회전각속도로 돌아가는 계를 생각하면 거기서 중력은 상쇄되지 않는데 원심력이나 코리올

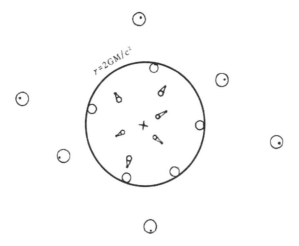

그림 3-8 | 슈바르츠실트 시공 풀이 속의 빛의 전파. 여러 가지 점으로부터 사방팔방으로 빛을 복사했을 때 정면을 나타낸다. $r=2GM/c^2$의 구면은 슈바르츠실트면, 중심의 ×표는 시공의 특이성을 나타낸다

리힘은 없어졌다. 이것을 비회전관성계(非回轉慣性系)라 부른다.

뉴턴역학에서 회전, 비회전의 구별은 절대적이다. 자신이 돌고 있는가를 판단하려면 돌지 않는다고 믿고 주위에 있는 것에 대해 회전하는지를 보거나 원심력, 코리올리힘이 작용하는지를 보면 된다. 뉴턴역학에서는 이 상대운동으로부터 판단하는 것과 역학으로부터 판단하는 두 가지 판단은 반드시 일치한다.

그런데 회전하는 시공에서는 그렇지 않다. 비회전관성계는 빙글빙글 돌기 때문에 회전하지 않는다고 믿는 먼 곳에 있는 것에 대해서는 분명히 회전하고 있다. 그런데 역학적으로 이 계는 비회전이다.

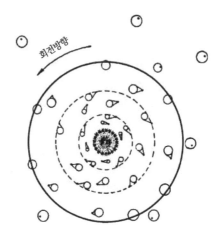

그림 3-9 | 커 시공 풀이의 적도면에 있어서 빛의 전파율 〈그림 3-8〉과 마찬가지 방법으로 나타
냈다. 바깥면(실선)은 무한적색편이면, 안쪽의 두 면(점선)은 사상의 지평선, 그 속의
×표의 원은 고리 모양의 특이성을 나타낸다

상대운동에서는 비회전계에 실리면 오히려 원심력이나 코리올리힘이
작용한다. 따라서 두 가지 판단방법에 차질이 생긴다. 이리하여 회전 − 비
회전이라는 절대적 구별은 소멸하고, 비회전계는 중력원의 운동으로 상
대적으로 결정된다. 이 효과는 마흐가 생각해 낸 것이다.

그러나 지금까지의 이야기는 국소적인 논의였으며 우주에서의 광역
적인 이야기와는 다소 다르다.

2. 시공구조의 해답

중력장방정식을 풀다

지금까지 살펴본 성질은 슈바르츠실트의 시공 풀이 및 회전질량의 예로서 커가 시도한 시공 풀이라는 특수한 성질이다. 일반상대론은 이밖에도 무수한 시공 풀이가 포함될 것이다. 그러나 더 일반적인 풀이라도 지금까지 이야기한 성질은 같은 것일까?

〈표 6〉 아인슈타인의 중력장방정식

$$ds^2 = g_{ij}\, dx^{\,i} dx^{\,j}$$

$$R_{ij} - \frac{1}{2} g_{ij} R = \frac{8\pi G}{C^4} T_{ij}$$

$$g_{ij} \xrightarrow{\ flat\ } \begin{bmatrix} 1 & & & \\ & -1 & & \\ & & -1 & \\ & & & -1 \end{bmatrix}$$

시공의 구조를 결정짓는 기본방정식이 아인슈타인의 중력장방정식이다. 시공의 구조는 4차원공간의 메트릭－텐서 g_{ij}로 주어진다(표 6). g_{ij}는 서로 독립적인 성분이 10개가 있다. 지금 생각하는 문제에서는 중력원으로부터 멀리 떨어진 장소에서 g_{ij}라는 함수는 민코프스키 공간의 g_{ij}가 되는 경계조건을 충족해야 한다. 아인슈타인의 중력장방정식은 이 10개의 함수 g_{ij}에 대한 이계편미분(二階偏微分)으로 비선형 연립방정식이다. 이 이상은 설명하지 않겠지만 어쩐지 어렵다는 것은 알아두기 바란다.

이 방정식의 풀이를 일반적으로 풀 수는 없다. 지금 말한 문제에 참고가 되는 시공 풀이는 아직 몇 가지 특별한 것이 알려졌을 뿐이다.

네 종류의 엄밀한 답

대단히 대칭성이 좋은 경우에 풀이를 구할 수 있다. 대칭성이란 시공의 구조가 구대칭(球對稱)이라든가, 어느 축 주위에서 대칭이 된다는 뜻이다.

일반상대론이 제창되고 나서 얼마 지나지 않아 1916년에 슈바르츠실트 풀이가 발견되었다. 이것은 완전한 구대칭이 되는 시공구조이다. 물질이 없는 진공 영역에서의 풀이이며, 또 시간적으로 변화하지 않는 풀이이다. 일반상대론의 실험적 검증은 거의 이 풀이를 조사한 것으로 되어 있다.

다음에 1917년경 바일과 레비 티비터에 의해 구대칭을 축대칭으로 일반화한 풀이가 발견되었다. 이것도 역시 시간적으로 변화하지 않는 진공풀이이다. 진공풀이가 어떠한 질량분포를 가진 물체의 외부중력장에 대응하는가는 그다지 확실하지 않다.

이상 두 종류의 풀이는 중력원이 회전하지 않는 경우이며 관성계가 회전하지 않는다. 이 효과는 1938년경에 렌스와 스이링의 근사 풀이로 처음 발견되었다. 그 후 오랫동안 회전하는 엄밀한 시공 풀이는 발견되지 않았다. 그런데 1963년에 그 해답 하나를 커가 발견했다. 이 풀이도 시간적으로 변화하지 않는 진공 풀이로서 회전의 크기를 0으로 하면 슈바르츠실트 풀이가 된다.

〈표 7〉 아인슈타인 중력장방정식의 엄밀 풀이. 진공장에서
무한히 멀고 평탄한 시공이 되는 것

슈바르츠실트 풀이 S(Schwarzschild)	회전 →	커 풀이 K(Kerr)
↓ 일그러짐		↓ 일그러짐
바일 풀이 W(Weyl)	회전 →	도미마츠–사토오 풀이 T–S(Tomimatsu–Sato)

다음에 교토대학의 도미마츠와 사토오가 1972년에 커의 풀이가 아닌 회전하는 엄밀한 풀이를 몇 가지 발견했다. 이것도 시간적으로 일정한 진공풀이인데, 회전을 0으로 한 경우는 커의 풀이와 달라 어떤 바일 풀이와 일치한다. 다만 도미마츠–사토오의 풀이는 많은 바일 풀이 시리즈 중 극히 일부의 풀이를 회전하는 경우에 확장한 것으로 회전하는 축대칭이 되는 풀이가 모두 발견된 것은 아니었다.

이 네 종류의 풀이를 분류하면 〈표 7〉과 같이 된다. 슈바르츠실트 풀이는 질량을 나타내는 단 1개의 파라미터를 포함하며, 커의 풀이는 질량과 각운동량을 파라미터로서 포함한다. 바일 풀이에서는 질량 이외에 축

대칭이 되는 형상을 표현하는 어떤 파라미터가 여분으로 들어가며, 도미마츠-사토오 풀이에서는 질량, 각운동량과 축대칭이 되는 형상을 나타내는 파라미터가 들어 있다.

그밖에 중력원이 하전되어 있거나, 자석을 가진 경우의 엄밀한 풀이가 몇 가지 알려졌다. 이들은 외부에 전기장이나 자기장을 가지므로 진공 풀이가 아니다. 또 전기적인 양을 0으로 하면 앞의 네 종류의 풀이 중 어느 하나가 된다.

강한 중력에서의 시공구조를 아는 데는 아무래도 엄밀한 풀이가 필요하다. 그러나 우리는 이런 겨우 몇 가지 풀이밖에 모르고 있다. 그러니만큼 이 풀이 하나하나가 일반상대론의 물리적 성질을 아는 데 중요한 역할을 다하고 있다.

시공 풀이의 성질

다음은 이러한 풀이의 성질이다. 슈바르츠실트 풀이에 대해서는 이 장의 첫머리에서 상당히 자세히 설명했다. 이것을 정리하면 시공구조의 특징적 장소로서는 아래와 같다.

   (ㄱ) 적색편이가 무한대가 되는 면이 나타날 것

   (ㄴ) 빛원뿔이 안쪽으로 향해서 정보의 전파가 한 방향으로 되어버리는

       사상의 지평면이 생길 것

   (ㄷ) 중력이 무한히 강해지는 시공의 특이성이 나타날 것

슈바르츠실트 풀이에서는 마침 (ㄱ)과 (ㄴ)이 모두 반지름 r_g의 구면이 되었지만 기본적으로 이 두 성질은 다른 것이므로 일반적으로는 서로 다른 장소에 나타난다.

(ㄷ)에 대해서는 그다지 언급하지 않았는데 슈바르츠실트 풀이에서는 중심점이 그에 해당한다. 보통 여기에는 아무리 작더라도 물질이 있다. 거기는 진공이 아니므로 슈바르츠실트 풀이가 적용되지 않고 다른 풀이가 되어 버린다. 그 새로운 풀이에서는 특이성이 없어질 것이라고 생각된다.

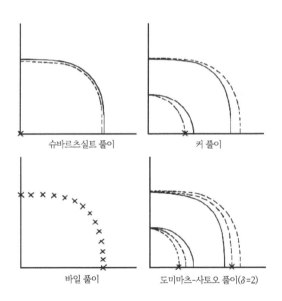

그림 3-10 | 네 가지 엄밀 풀이의 시공구조의 단면도. 실선은 사상의 지평, 점선은 무한적색편이, ×표는 특이성을 나타낸다

어떤 사람들은 특이성의 존재는 물리적으로 무의미하므로 피해야 한다고 생각한다. 확실히 「벌레 먹은 구멍」 같은 시공일원론(時空一元論)을 취하는 입장에서 보면 그럴지도 모른다. 그러나 그런 경우라도 반드시 특이성이 있으면 안 된다고는 생각하지 않는다. 어떤 법칙에도 적용한계가 있어서 거기서부터는 반드시 새로운 법칙이 있기 때문이다.

일반상대론에서는 발산해버려 취급할 수 없었던 것까지도 새로운 법칙으로 취급이 가능할지도 모른다. 이 특이성은 그러한 영역을 가리키는 것인지도 모른다고 생각하는 것이다.

〈그림 3-10〉은 이 (ㄱ), (ㄴ), (ㄷ)의 세 가지 성질을 네 가지 풀이에 대응시켜 보인 것이다. 이 그림은 대칭축 방향으로 공간을 잘랐을 때의 단면을 나타낸 것이다. 이것들을 비교하면 다음과 같은 특징을 알게 된다.

바일 풀이에는 (ㄱ)도 (ㄴ)도 없다. 또 특이성은 슈바르츠실트 풀이와 커의 풀이에서는 (ㄴ) 안쪽에 생긴다. 회전하는 경우에 (ㄷ)은 적도면상에 고리 모양으로 생긴다. 도미마츠-사토오 풀이에서는 특이성 고리가 (ㄴ) 밖에 생긴다. 특이성이 사상의 지평 안쪽인가 바깥쪽인가는 다음에 생각하는 중력붕괴 문제와 관련해서 중요하다.

3. 중력붕괴가 낙착되는 곳

구대칭의 중력붕괴

중력붕괴 과정은 대단히 동적(動的)이다. 그 결과 어디에 낙착되는가, 낙착되지 않았다면 언제까지 동적인 상태인가? 만일 낙착된다면 그 상태에서 시공구조는 어떤 것인가? 다음에는 이런 문제를 생각해야 한다. 먼저 제일 간단하고 완전한 구대칭을 유지하면서 중력붕괴 하는 경우를 생각해보자.

이때 별의 외부 중력은 언제든 슈바르츠실트 풀이로 나타낼 수 있다. 물론 외부와 내부의 경계는 시간적으로 변화하지만, 처음에는 반지름이 r_g보다 훨씬 크다가도 수축되면 반지름이 r_g와 가깝게 된다.

그렇게 되면 표면에서 고유시가 지연되기 때문에 먼 곳에서 보는 관측자는 점차 수축이 멈춘 것으로 생각한다. 또 고유시의 차는 표면으로부터 나오는 복사가 점차 큰 적색편이를 받게 된다. 그 때문에 설사 복사되고 있어도 점차 어두워진다.

그러나 이것은 어디까지나 먼 곳에 있는 관측자가 본 이야기이다. 만

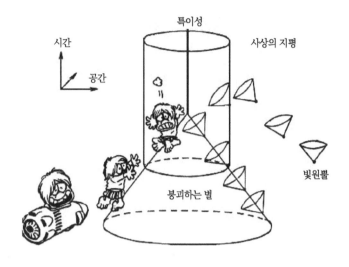

그림 3-11 | 별의 구대칭 중력붕괴

일 이 별의 표면에 용감한 관측자가 있다고 치면 반지름 r_g의 구면을 통과
한다는 것은 별로 특별한 일이 아니다. 아차 하는 동안에 이 면을 통과하
여 유한한 시간 내에 무한히 작아진다(그림 3-11). 이 면의 역할은 복사를
밖으로 내는가 안쪽에만 한정시키는가 구별하는 구실만 한다. 어쨌든 바
깥쪽에 있는 사람이 보면 별은 암전(暗轉)하고 무한한 시간 동안에 크기가
r_g의 반지름으로 접근해가는 것처럼 보일 것이다. 그리고 그 용감한 관측
자는 강대한 중력의 영향으로 산산조각이 날 것이 틀림없다.

일반적인 중력붕괴

실제 별의 중력붕괴는 구대칭에서 벗어나든가, 회전이 중요한 영향을 미치든가 하여 완전 구대칭인 경우같이 단순한 과정인지 어떤지는 모른다.

일반적으로 중력수축하고 있을 때 구대칭에서 벗어나면 확대된다. 별은 세로로 길어졌다가 가로로 길어졌다 하면서 전체적으로 작아진다. 또 회전하고 있으면 납작한 회전원반이 될지도 모른다. 아무튼 구대칭에서 벗어나면 대뜸 복잡해진다.

구대칭에서는 중력붕괴라는 동적 과정인데도 불구하고 시공구조는 시간적으로 일정했다(물론 거기서 바깥쪽은 슈바르츠실트 풀이인 표면의 위치가 시간적으로 변화했지만). 그런데 형태가 시간적으로 변하면 시공구조도 시간적으로 변화해 버린다.

뉴턴중력은 형상의 변화에 따른 중력장의 변화인데 일반상대론에서는 정보가 광속도라는 유한한 속도로 전달되는 효과를 고려해 넣어야 한다. 이것은 일반적으로 뉴턴중력에는 없었던 중력파의 방출이라는 새로운 효과를 나타낸다. 이렇게 되면 이 모든 과정을 시간적으로 추적하는 것은 도저히 불가능한 것 같은 느낌이 든다.

종착점은 모두 같은가?

그런데 이러한 복잡한 도중의 과정을 일일이 좇지 않더라도 중력붕괴가 낙착되는 곳은 짐작이 간다는 귀가 솔깃한 이야기가 있다. 이 논의의

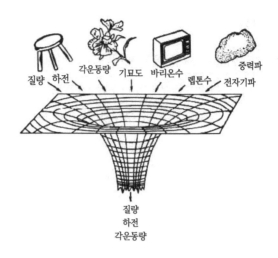

질량　하전　각운동량　기묘도　바리온수　렙톤수　전자기파　중력파

질량
하전
각운동량

그림 3-12 ｜ "블랙홀에는 털이 없다"라는 심벌마크. 여러 가지 복잡한 것이라도 이 구멍(블랙홀)에 들어가면 질량, 하전, 각운동량의 세 가지 성질만 가지게 된다는 의미를 나타낸다 (Ruffini, Wheeler, *Physics Today*, 1971년 1월호에서)

기틀이 되는 것은 다음과 같다.

첫째로, 어쨌든 고유시의 차가 생기므로 먼 곳에서 보면 동작이 차츰 정지되어서 시간에 의존하지 않게 된다는 것이다. 즉 정상적(定常的) 시공 풀이에 접근할 것이라는 예상이다.

둘째로는, 사상의 지평이 생기면 여기서부터 안쪽으로 들어간 것에서는 작용이 오지 않게 된다. 그러므로 종착점은 개개의 중력붕괴의 개성과 관계없이 어떤 보편적인 시공 풀이가 될지 모른다는 것이다. 즉 낙하해 가는 하나하나의 별이 가진 여러 가지 개성은 사상의 지평 저쪽으로 모두 빨려 들어가 어떤 뻔한 성질만 밖에 영향을 주는 것으로 남는다는 예상이다.

셋째로는, 중력파의 방출은 구대칭운동으로부터 크게 벗어나면 벗어날수록 크고, 울퉁불퉁한 곳을 골라서 매끄러운 형태나 운동이 되는 구실을 한다. 따라서 종착점의 보편적 시공구조는 뜻밖에 단순하고 그다지 울퉁불퉁하지 않다는 예상이다.

이 세 가지 성질은 모두 서로 얽혀 있다. 도중에 일어나는 과정은 손이 미치지 않더라도 마지막 종착점은 어이없을 정도로 단순할지도 모른다는 예상이다.

블랙홀에는 털이 없다

이런 일반적인 예상을 좀 더 구체적으로 나타낸 것이 「종착점은 커의 풀이(특별한 경우에는 슈바르츠실트 풀이를 포함하는)에 한정된다」는 가정이다. 커의 풀이는 겨우 질량, 각운동량, 그리고 하전의 세 파라미터를 포함하고 있을 뿐 그 밖의 성질은 갖지 않는다.

블랙홀은 털이 3개뿐이다. 중력붕괴 도중에 털(특징)이 빠진다

블랙홀은 이 세 가지 성질 외에는 아무런 특징이 없는 밋밋한 존재라고 휠러는 생각했다. 그리고 「블랙홀에는 털이 없다」는 표어를 생각해냈다. 미국인다운 생각이다. 중력수축 이전에는 무수한 털(성질)을 가진 존재였는데 중력붕괴 과정에서 털이 빠져 대머리가 되었다는 뜻이다. 다만 완전히 대머리는 아니고 털(질량, 각운동량, 하전)이 세 개가 남았다는 것이다.

좁은 뜻의 블랙홀

이 가정은 완전히 증명되지 않았다. 그러나 이것을 수학적으로 지지하는 확실한 정리가 있다. 그것은 「사상의 지평면을 가진 시간적으로 정상(定常)적인 풀이는 커의 풀이밖에 없다」는 정리이다. 여기에는 「사상의 지평면 바깥쪽에는 특이성이 없다고 하고」라는 단서가 붙는다. 이 정리가 곧 「중력붕괴에서는 반드시 커의 풀이가 된다」는 증명이라고 생각하면 다소 오산이다. 다만 「블랙홀이란 커의 풀이뿐이다」라고 하는 것이 맞는지도 모른다.

이야기가 조금 헷갈린 것 같다. 왜냐하면 지금까지는 막연히 중력붕괴로 생성되는 것을 블랙홀이라고 불렀는데, 여기서 비로소 더 좁은 뜻에서 특수화한 의미로 사용하기 시작했기 때문이다. 좁은 뜻의 블랙홀이란 사상의 지평이 특이성을 모두 감싸고 있는 시공 풀이이다. 따라서 앞서 일반적으로 예상한 것이 옳다면 그러한 풀이는 커의 풀이밖에 없다고 앞의 수학적 정리는 말한다. 이 시공 풀이의 성질은 〈그림 3-1〉에서 여러 가지로 살펴본 것이다. 확실히 시공의 흡입구가 있다면 블랙홀(검은 구멍)이라는 이름은 딱 들어맞는다.

벌거벗은 특이성

그럼 중력붕괴의 종착점으로서는 좁은 뜻의 블랙홀 외에 어떤 가능성이 있을까? 한마디로 말하면 「벌거벗은 특이성」이다. 사상의 지평에 감싸이지 않는 특이성이 있다는 뜻이다.

도미마츠-사토오 풀이는 그런 일례이다. 물론 그밖에도 많겠지만 아직 발견되지 않았다. 바일 풀이는 벌거벗은 특이성이지만 사상의 지평선이 없으므로 안정적인 종착점이 될 가능성이 없는 것 같다. 그에 반해 도미마츠-사토오 풀이는 사상의 지평을 가지므로 가능한지도 모르겠다. 다만 아직 완전히 증명되지 않았다.

커의 풀이는 이 안정성이 증명되었다. 즉 커의 풀이에서 조금만 다른 풀이로 옮겨도 시간이 지나면 반드시 커의 풀이로 되돌아간다. 이것을 도미마츠-사토오 풀이에서도 시도하면 될 것 같은데 대단히 어렵기 때문에 아직 결론이 나지 않았다. 따라서 「넓은 뜻의 블랙홀」은 「좁은 뜻의 블랙홀」인가 「벌거벗은 특이성」인가 하는 물음에 대한 답은 아직 나와 있지 않다.

만일 좁은 뜻의 블랙홀이라면 특이성에서의 새로운 물리학에 대해 우리는 관심을 보이지 않아도 된다. 즉 블랙홀은 검은 상자(블랙박스)가 되

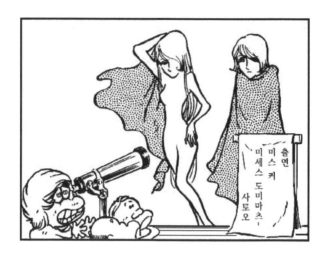

사상의 지평면으로 덮인 특이성(커의 풀이)과 벌거벗은 특이성(도미마츠-사토오 풀이)

어버린다. 그에 반해 원리적으로 벌거벗은 특이성이 보인다면 새로운 현상을 기대할 수 있는 것이다. 어느 쪽이 옳은가에 대해서는 이런 원리적인 차가 있으므로 중요하다.

중력파로 시공을 본다

그럼 시공구조의 이러한 차이를 구별하려면 어떻게 하면 되는가. 〈그림 2-4〉에서 설명한 X선별에서는 여간해서는 이런 차이까지 알 수 있을 것 같지 않다.

이 책의 다른 부분에서 블랙홀이라고 할 때는 넓은 뜻의 블랙홀을 가

리킨다. 예를 들면 X선별의 X선은 대부분 바깥쪽에서 나오므로 시공구조의 차이가 나지 않을 것이다. 아마 중력파가 중심부의 중요한 정보를 가져다준다고 생각된다.

중력파를 관측할 수 있는가. 위버가 중력파를 관측했다고 발표하고 나서 벌써 5~6년이 지났다(1974년 시점에서). 처음에는 위버의 관측 장치밖에 가동되지 않았으므로 그의 결과를 신용할 수밖에 없었다. 그러나 최근 몇 개의 그룹이 관측해 봤더니 어쩐 일인지 위버의 관측을 부정하는 결과가 나왔다. 따라서 우리는 아직 중력파를 발견했다고 말할 수 없는 것 같다.

그러나 중력파는 일반상대론은 말할 것도 없고, 중력이론에서도 이론적으로는 존재한다. 아마 언젠가는 발견될 것이다. 그러나 그때가 언제인가는 현재는 예상하지 못한다. 그러나 위버가 혼자서 묵묵히 고독을 견디면서 연구해온 과거 수십 년과는 달리 최근에는 몇 개의 그룹이 이를 좇고 있다. 발견되는 시기는 혹시 아주 빨리 올지도 모르지만 우리는 중력파 천문학의 개막을 좀 더 기다려야 하겠다.

작은 블랙홀

우리는 블랙홀을 양자론적이 아닌 존재로 취급하고 있다. 이 가정은 컴프턴 파장이 r_g 정도보다 작을 때는 옳다. 이때 질량은 10^{-5}g 이하가 된다. 그 이상이 되면 블랙홀도 양자적 존재가 되므로 중력장도 양자화할 필요가 생긴다. 그러나 이것을 다룰 이론은 아직 전혀 예측하지 못하는 상태이다.

그렇게까지 작지 않아도 괜찮지 않을까, 이 책 첫머리에 나온 운석 정도는 어떨까. 별의 종말에 생기는 블랙홀을 분열시키면 작게 만들 수는 없을까.

좁은 뜻의 블랙홀에서는 절대 불가능하다고 증명되었다. 「사상의 지평이 가지는 넓이의 합은 시간적으로 반드시 증가한다」는 정리이다. 마치 열역학의 제2법칙과 같은 것이다. 얼핏 보아 이러한 비가역적(非可逆的)인 효과가 나온 것은 「저승과 이승」이 쌍으로 되어야 비로소 가역(可逆)인데, 한쪽 세상만 있으면 이와 같은 비가역적 효과가 생긴다. 「벌거벗은 특이성」인 경우는 이러한 정리가 성립되지 않는데, 과연 분열시키면 작은 블랙홀이 만들어지는지 어떤지는 확실하지 않다.

〈표 8〉 컴프튼 파장과 r_g의 대소

$$\frac{h}{mc} \quad \begin{matrix} > \\ < \end{matrix} \quad \frac{2Gm}{c^2}$$

그밖에 만드는 방법이 생각나지 않을 때는 우주가 생성되던 초기에 그러한 원인이 있었다고 하는 것이 하나의 방법이다. 이럴 경우에는 어떻게 생겼는가는 중요하지 않고 원래 그 씨가 들어 있어서 성장했다는 방식을 취한다. 우주 초기에는 수수께끼로 가득 차 있으므로 그 정도는 포함해도 별로 상관없겠다. 우주에 대해서는 뒤에서 다시 이야기하겠다.

4장

「우주관의 팽창」

1. 우주의 끝은 어디인가?
유한한 우주에서 무한한 우주로

서쪽으로 서쪽으로 자꾸 가면

동네 장 서방이 유식한 경로당 할아버지에게 물어본다.

장 서방 「할아버지, 천안에서 서쪽으로 가면 어디가 나오나요?」

할아버지「온양이 나오지」

장 서방 「온양에서 더 서쪽으로 가면 어디가 나오지요?」

할아버지「합덕을 지나 서산으로 가지」

장 서방 「서산에서 서쪽으로 서쪽으로 더 가면 어디로 가지요?」

할아버지「바다가 나오니 더 갈 수 없지」

장 서방 「바다 위에서 배를 타고 더 서쪽으로 가면 어디로 가지요?」

할아버지「가도 가도 바다일세」

장 서방 「그 바다를 자꾸 서쪽으로 가면 어디로 가게 되나요?」

할아버지「아득한 곳으로 가게 되지」

장 서방 「그 아득한 곳을 헤치고 나가 서쪽으로 자꾸 가면 어디가 되

서쪽으로 서쪽으로 가면…

지요?」

할아버지 「보통 사람은 그쯤 가면 되돌아오지」

이 정도가 할아버지가 아는 한계인 것 같다.

우주론이란 무엇인가?

석가모니에게 제자들이 「우주는 유한합니까, 무한합니까?」 물었더니 석가모니는 「그런 것은 몰라도 된다」라고 대답했다는 이야기가 있다.

아래로는 서민에서 위로는 스님에 이르기까지, 그리고 동서고금을 따지지 않고 많은 사람이 세계의 끝이라든가, 우주의 크기에 대해 크게 흥미를 가졌다. 또 성서의 창세기나 단군신화를 봐도 세계 각국의 민족(중국의 한민족을 제외하고)이 우주 창조의 신화를 가졌다.

우주의 구조와 기원을 연구하는 학문을 우주론이라 부르는데, 우주론이 얼마나 인간의 관심의 대상이었는가는 이런 사실로부터 알 수 있다. 고대 그리스 이래 철학의 역사를 살펴보면 철학=세계관=우주관이라는 도식이 성립될 정도이다.

그럼 옛날 사람들은 우주를 어떻게 생각해 왔을까. 현재 우리는 어떤 우주론을 가지고 있고, 그것이 미래에 어떤 방향으로 발전해갈까. 이 책의 후반에서는 이와 관련한 것들을 알아보려고 한다.

고대의 우주관

인류 문명 중 하나는 중근동에 있는 티그리스, 유프라테스강 유역에서 시작했다. 거기서 번영한 고대 바빌로니아 사람들은 세계를 어떻게 보았는가. 물론 세계의 중심은 그들이 사는 대륙이었다. 그리고 세계의 끝은 높은 산(아라라드산)이 둘러싸고 있다. 그 산에 천공(天空)이 얹혀 세계를 덮고 있다. 태양은 천공을 가로질러 다시 동쪽에서 떠오른다.

구약성서에 쓰여 있는 유태인들의 우주론은 좀 더 정교했지만, 본질적으로는 바빌로니아 사람들과 다름없었다.

그리스 시대에 들어서자 합리적인 사고법이 발달했다. 많은 철학자나 천문학자가 열심히 우주를 연구했다. 별과 하늘을 관측하면서 걸어가다가 거름 구덩이에 빠진 유명한 탈레스도 그중 한 사람이었다.

커다란 하나의 진보는 대지가 평판이 아니고 둥글다는 것, 즉 지「구」(地「球」)의 발견이었다. 기원전 265년 무렵 벌써 에라토스테네스는 지구의 반지름을 측정했으며, 당시로써는 아주 정확한 값을 얻었다.

우주 밖에는 아무것도 없다 — 아리스토텔레스의 유한우주

그리스의 대철학자 아리스토텔레스(B.C. 384~322)는 그때까지 얻은 지식을 정리하여 구천설(九天說)이라 불리는 지구 중심의 우주 모형을 생각해냈다.

그에 의하면 지구를 중심으로 하여 달, 수성, 금성, 태양, 화성, 목성, 토성이 각각 천구(天球)에 박혀 회전한다. 제일 바깥쪽에는 항성(恒星)이 박힌 이중으로 된 항성천(恒星天)이 존재한다. 그리고 그 바깥에는 아무것도 존재하지 않는다. 진공조차 없다. 무라는 것이다.

그의 생각에 따르면 진공이란 아무것도 존재하지 않는다는 것이다. 「진공이 있다」는 말은 「아무것도 없는 것이 있다」는 것과 같고 형용 모순에 지나지 않았다. 진공을 부정하는 이런 생각을 충만설(充滿說)이라 부르며, 케플러나 데카르트에게도 큰 영향을 주었다.

한편 진공이 「있다」고 하는 생각을 진공설이라 부르며, 원자론자 데모크리토스가 제창했다. 뉴턴은 그 후계자이다. 충만설과 진공설의 논쟁은 중세에도 계속되었다. 현대에는 나중에 설명하는 절대공간 논쟁으로 형태를 바꾸어 이어졌다.

아리스토텔레스의 우주 모형의 특징은 조화가 잡힌 우주, 지구의 중심성, 공간의 유한성 등이다. 구천설에서 지구는 자전하지 않고 천구가 회전한다. 그 이유는 만일 지구가 자전한다면 항상 자전과 반대 방향으로 강한 바람이 불 것이며, 원심력에 의하여 지표의 물체가 날아가 버릴 것이라는 점에 있다.

이렇게 천구가 회전한다고 가정하면 항성천은 무한한 원방에 존재하지 못하게 된다. 항성천이 무한한 원방에 존재한다면 회전 때문에 항성천의 속도는 무한대가 되어 버린다. 아리스토텔레스의 우주는 그것을 방지하기 위해서 유한한 크기여야 하는 것이다. 그것은 그 나름대로 합리적이 아닌가.

프톨레마이오스의 우주상

아리스토텔레스 이후 그리스의 천문학을 집대성한 사람은 알렉산드리아의 프톨레마이오스(70~147)였다. 아리스토텔레스 - 프톨레마이오스의 지구중심적 우주 모형은 그 후 그리스도교와 결합하여 유럽 중세의 기본적인 세계관이 되었다.

고대의 코페르니쿠스

그리스에서 모든 사람이 지구중심설(천동설)만 믿었는가 하면 그렇지는 않았다.

아리스타르코스(B.C. 310~230)는 일찍 태양중심설(지동설)을 제창했다. 그에 의하면 태양은 우주공간에 정지하고 있고 그 주위를 지구를 포함한 여섯 행성이 회전한다. 항성도 태양과 동등한 별인데 너무 멀기 때문에 점으로밖에 보이지 않는다. 아리스타르코스의 학설은 시대를 초월하여 바로 근대 우주관에 육박하고 있다.

그러나 아리스토텔레스의 영향은 좋은 의미에서도 나쁜 의미에서도 절대적으로 컸다. 그 때문에 아리스타르코스의 학설은 어느새 잊혀졌다. 권위주의는 참으로 무섭다. 아리스타르코스는 고대의 코페르니쿠스라 불린다.

핀 끝에서 몇 명의 천사가 춤출 수 있는가?

그리스의 철학자나 중세 유럽의 많은 스콜라 학자들의 사상은 순순히 사변적인 것이었으며 관측이나 실험을 중시하지 않았다. 그러나 그들의 통찰력은 지금에 와서 봐도 아주 예리하기도 했다.

현대의 봉급쟁이 연구자와는 달리 그들은 아마 물가앙등이나 매점매석에 마음을 쓰지 않고도 여유 있는 시간을 이용하여 사물을 보고 끝까지 골똘히 사색했을 것이다. 그들은 생산활동에 참가하지 않는 일종의 고급 한량이었다. 그러나 그런 한량이 문화의 온상(溫床)을 만드는 데 필요한지도 모른다. 문화를 발전시키는 데는 여유나 시간도 필요할 것이다.

그리스나 중세 유럽의 학자들은 충분히 사색했지만 실험과 관측에 바

핀 꼭대기에서 몇 명의 천사가 춤출 수 있는가?

탕을 둔 지식체계라는 배경을 가지지 못했다. 따라서 뛰어난 아이디어도 있는 반면에 얼토당토않는 난센스도 생각해냈다. 중세의 스콜라 학자 사이에서 논의된 문제 가운데 「대체 핀 끝에서 몇 명의 천사가 춤출 수 있는가?」 문제는 그 좋은 예일 것이다.

코페르니쿠스적 회전

드디어 13세기에 시작된 르네상스는 중세의 암흑시대의 종말을 고했다. 그리스에서 이룩한 성과가 부활하고 자연탐구는 다시 시작되었다.

폴란드의 코페르니쿠스(1473~1543)는 그리스 문헌을 탐독했고, 또 상세히 천체를 관측했다. 그 결과 아리스토텔레스-프톨레마이오스의 지구중심설에서 예언한 행성의 위치(그것은 상당히 좋은 정밀도를 가졌는데도)가 근소하게 관측과 맞지 않는다는 것을 발견했다. 그는 관측과 맞추기 위해서는 어떻게 해야 하는가를 생각했다. 그 결과 태양이 세계의 중심에 있고, 행성은 그 주위를 원운동한다고 생각하면 모형이 극히 단순해지고, 관측과 잘 맞는다는 것을 알아냈다.

이 새로운 이론 태양중심설은 당시의 그리스도교가 지배하던 사회의 세계관으로는 혁명적인 사상이어서 크게 선풍을 불러일으켰다.

코페르니쿠스는 우주의 중심을 지구로부터 태양으로 옮겼지만 항성천의 존재는 그대로 두었다. 즉 유한한 우주라는 점에서는 아리스토텔레스-프톨레마이오스의 지구중심설과 변함이 없었다. 그런데 지구가 태양

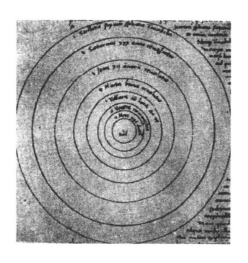

코페르니쿠스의 우주상

주위를 돈다면 항성의 위치가 1년 동안 이동할 것이다. 이것을 연주시차
(年周視差)라고 한다.

케플러의 은사이며 당대 제일가는 관측자였던 티코 브라헤(1546~1601)
는 상세하게 관측을 했음에도 연주시차를 발견하지 못했다. 그 때문에 티
코 브라헤는 지구중심설은 그대로 두고, 다만 수성과 금성이 태양 주위를
회전한다는 작은 수정을 가했다.

현대적인 관점에서 말하면 연주시차는 존재하지만, 항성이 너무 멀리
있었으므로 티코 브라헤의 육안관측(肉眼觀測)으로는 발견하지 못했다는
것뿐이다. 코페르니쿠스도 티코 브라헤도 항성천의 유한성을 생각한 것
에 그들의 한계가 있다.

가도 가도 한없는 우주 — 브루노의 무한우주

코페르니쿠스의 태양중심설은 찬부 양론이 엇갈렸는데 그중에서도 특히 코페르니쿠스의 학설을 지지하고 선전한 사람 중에는 조르다노 브루노(1548~1600)가 있었다.

브루노는 처음에 이탈리아의 수도원에 있었는데 이단설을 주창했기 때문에 있기 거북해지자 그곳을 나와 온 유럽을 방랑했다. 그는 과학자라기보다는 사상가, 철학자였으며, 마술사다운 측면도 있었다. 그가 갈릴레오와 대학 교수의 자리를 놓고 다퉜다는 이야기도 있다.

그런데 브루노는 코페르니쿠스보다 한발 앞서 우주는 아리스토텔레스가 말한 것같이 유한하지 않고 무한하다고 주장했다. 브루노는 그런 생각을 저서『무한, 우주와 여러 세계에 대하여』에서 다음과 같이 썼다.「만일 세계가 유한하여 세계 바깥에는 아무것도 존재하지 않는다면 나는 당신에게 질문합니다. 세계는 어디에 있습니까? 우주는 어디에 있습니까? 아리스토텔레스는 대답하였습니다. 그 자신 속에 있다고……. 그런데 아리스토텔레스여, 당신이 '장소는 그 자신 속에 있다'고 말한 것은 무슨 뜻입니까?…… 만일 당신처럼 세계 바깥에 아무것도 존재하지 않는다면 하늘도 세계도 어디든 존재하지 않을 것입니다. 그렇다면

조르다노 브루노

이렇게 말해야겠군요. 저 천구의 저쪽까지 손을 뻗으면 그것은 그 장소에도 없고 어디에도 없게 되므로 당연히 손도 존재하지 않게 될 것입니다.」

이것은 아리스토텔레스를 기실 정확하게 이해한 반론이라고 말할 수는 없다. 그러나 「천구 밖으로 내민 손」이라는 예는 오래전부터, 예를 들면 로마의 시인 루크레티우스 등이 제기한 의문이기도 했다. 브루노는 우주가 무한임을 주장함으로써 오래전부터 내려온 신학적 논쟁인 「왜 만능의 신이 유한한 우주밖에 창조하지 않았는가?」를 마무리 지었다(고 생각했을 뿐이었다).

또한 브루노는 우주는 무한할 뿐만 아니라 균일해야 한다고 주장했다. 신이 우리의 공간에 하나의 세계를 창조할 수 있었다면 다른 장소에서도

신이 이 공간에 하나의 세계를 창조할 수 있다면 다른 장소에도 그랬을 것이다

그랬을 것이다. 신은 불공평하지 않다. 우리의 세계(태양계)는 무수한 다른 같은 종류의 「여러 세계」 중 하나에 지나지 않는다. 그러므로 그리스의 조화된 우주(코스모스)는 해체되고 지구는 중심적 역할을 상실했다. 우주가 균일하다는 사상은 나중에 이야기하는 우주원리라는 형태로 현대에까지 영향을 미치고 있다.

그럼 닫힌 유한우주로부터 무한한 우주로의 이 혁명적 전환은 중세 그리스도교 사상이 붕괴되는 데 일익을 담당했다. 이런 뜻에서 무한우주론의 성립은 과학혁명이라 불러도 마땅하다. 브루노가 성직자들에 의해 잔인하게 화형에 처해진 것은 1600년 2월 17일이었다.

뉴턴 대 데카르트

코페르니쿠스, 브루노의 뒤를 이어 우주관을 발전시킨 것은 행성운동의 세 법칙을 발견한 케플러(1571~1630)와 근대적 역학의 기틀을 세운 갈릴레오(1564~1642)였다.

그리고 천체운동의 역학적 기초를 닦은 천재 뉴턴(1642~1727)이었다. 뉴턴은 미분적분학을 발명하자 이를 사용하여 천체의 운동을 연구해 운동의 세 법칙과 만유인력 법칙을 발견했다. 이 법칙들을 사용하여 뉴턴은 처음으로 과학적이며 합리적인 태양계 모형을 만들었다.

또 뉴턴은 우주 모형에 대해서도 언급하며 우주는 무한하다고 생각했다. 만일 우주에 끝이 있다면 거기에 있는 별은 한 방향의 힘을 받아 안정

뉴턴과 데카르트

할 수 없다고 생각했기 때문이다.

한편, 뉴턴과 같은 시대의 프랑스의 대철학자 데카르트(1596~1650)도 『세계론』이라는 책 속에서 우주론을 논의했다. 데카르트도 무한우주를 지지했다.

그런데 데카르트는 우주는 진공이 아니고 무슨 미립자로 가득 찼다고 생각했다. 그는 이 매질(媒質)을 프레남이라 불렀다. 이것은 브루노나 케플러가 에테르라고 부른 것과 같은 것이다. 즉 이들은 충만설론자(充滿說論者)였다. 데카르트는 물체가 운동하면 주위의 프레남도 운동하고 그 영향이 소용돌이가 되어 멀리까지 전파된다고 생각했다. 이것은 현대적인 술어로 말하면 「장(場)」 또는 「근접작용의 원리」라 하겠다.

뉴턴은 진공론자였다. 그는 물질을 진공 속에 무작위하게 두었다. 물

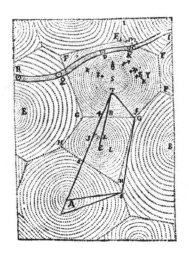

데카르트의 우주

질과 물질 사이에는 중간에 무슨 매개 없이도 만유인력이 작용한다고 생각했다. 이것은 「원격작용의 원리」라 불린다.

요소적 자연관

데카르트적 사상에서는 물질과 물질 사이에도 무엇이 가득 차서 한쪽이 운동하면 다른 쪽도 운동한다는 방식으로 세계를 복합계(複合系)로 보았다. 그러므로 우주에서 일어나는 일은 모든 것이 서로 관련된다. 지상에서 일어나는 사건도 천상에서 일어나는 사건도 혼연일체(渾然一體)가 되어 있어 자연과학이란 항상 우주론이 될 수밖에 없었다. 그런 뜻에서

120

데카르트의 사상은 아리스토텔레스와 같은 선상에 있다. 오늘날에는 이러한 데카르트적 관점도 부활했는데 당시로서는 너무 일렀다. 데카르트 이론으로는, 예를 들면 천체의 운행을 수치적으로 계산하여 예측하지 못한다.

뉴턴은 공간에 아무것도 없다고 하고 물질을 놓았다. 왜 아무것도 없는가는 문제 삼지 않고 물질의 운동만 생각했다. 그는 절대공간을 생각했다. 이런 계에 대해 가속도운동을 하면 힘을 받지만 가속도운동이 없으면 힘을 받지 않는다고 하고 절대공간은 우주의 영향의 모든 것을 대표한다고 했다. 그러므로 우주가 어떻게 되었는가에 대해 몰라도 물체의 운동은 해명된다. 뉴턴은 세계의 많은 현상을 굳이 서로 얽힌 복합체로 보지

요소적 자연관

않고 서로 관련이 없는 국소적인 운동 법칙으로 설명하려 했다. 이리하여 비로소 자연과학을 철학(또는 우주론)으로부터 떼어낼 수 있었다.

이런 의미에서 뉴턴은 근대합리주의적 자연과학의 창시자라고 해도 된다. 이렇게 물질을 복합체가 아니라 낱낱의 요소로 분해하여 연구하면 세계 속의 현상을 알게 된다는 생각을 요소적 자연관(要素的 自然觀)이라 부른다. 그리고 이것은 근대과학이 크게 발전하는 기틀이 된 사상이었다.

그러나 최근 자연과학의 조류는 요소적 자연관의 결점을 인식하기 시작했다. 역시 자연을 복합체로 보려는 방향으로 조금씩 향하는 것 같다. 예를 들면 생태학(生態學)의 최근의 경향도 그 한 면이 아니겠는가. 어쨌든 뉴턴의 방법은 근대과학 발전의 기틀이 되었고, 그 후 행성의 운행을 정밀하게 계산할 수 있게 되었다.

2. 가만히 있지 못하는 우주
— 근대적 우주론의 성립

은하계가 산재하는 우주공간

뉴턴 이후 천문학은 한편에서는 태양계를 확대하는 방향으로 치달았다. 1781년 허셜(1738~1822)은 손수 만든 당시 세계 최대의 망원경으로 천왕성을 발견했다. 천왕성의 궤도를 관측했더니 뉴턴역학이 예측하는 것보다 조금 빗나가 있다는 것을 알았다.

이 오차는 천왕성 밖에 있는 행성 때문에 일어나는 섭동이 틀림없다고 생각되었다. 프랑스의 르베리에(1811~1877)와 영국의 애덤스(1819~1892)는 수치로 계산한 끝에 새 행성의 위치를 각각 독립적으로 예언했다. 그리고 1846년 예언된 하늘 근처에서 해왕성이 발견되었다. 이것은 뉴턴역학의 위대한 성과였다.

그 후 명왕성이 발견되었고, 태양계의 크기는 코페르니쿠스 당시보다 4배나 확대되었다. 태양계 우주의 탐구가 계속되면서, 다른 한편에서는 더 광대한 항성계의 탐구도 시작되었다. 허셜은 우리가 속하는 항성의 집단인 은하수를 관측하여 항성의 분포를 연구했다.

람베르트, 라이트, 칸트 같은 사람들이 광대한 공간에 산재하는 은하계로 우주가 구성되었다는 근대적 우주관을 만들기 시작했다. 그들은 브루노의 흐름을 좇는 사람들이었다. 이것은 코페르니쿠스의 우주 모형은 태양이 중심이고, 허셜의 은하계 우주 모형은 태양이 중심인 것과는 달리 우주에는 중심이 아무 데도 없다는 점이 특징이었다.

올버스의 패러독스 — 밤하늘은 밝다?

이리하여 19세기에는 은하계가 광대한 무한공간에 거의 균일하게 분포한다는 무한우주론이 성립되었다. 그런데 이 무한우주 모형에 중대한 의문이 드러났다. 즉 노이먼 제리거의 패러독스와 올버스의 패러독스였다.

먼저 노이먼 제리거의 패러독스에 대해 알아보자. 만일 우주가 균일하게 무한하다고 하면 뉴턴의 중력퍼텐셜이 무한대가 되어 버린다. 노이먼 제리거는 이 문제를 해결하기 위해 뉴턴의 만유인력의 법칙을 수정하여 중력이 유한한 데까지밖에 미치지 못한다고 가정했다. 현대식으로 말하면 중력자(重力子)에 정지질량(靜止質量)을 갖게 하는 것에 대응한다.

또 하나 문제가 된 올버스의 패러독스는 다음과 같았다. 어느 관측자를 중심으로 반지름 r의 구(球)껍질을 생각한다. 이 구껍질 내에 있는 별로부터 오는 빛의 세기는 관측자에게는 $L/4\pi r^2$로 느껴진다. 여기서 L은 별의 광도이다. 그런데 이 구껍질 내에 있는 별의 수는 $n \cdot 4\pi r^2 dr$이다. 여기서 n은 별의 개수밀도, dr은 구껍질의 두께이다. 둘을 곱하면 $4\pi r^2$은 상쇄되어 일정값이 되고 r을 0에서 ∞까지 적분하면 빛을 발산한다. 즉 밤하늘이 밝아야 한다는 것이다.

어떤 사람은 이 모순을 없애기 위해 우주공간에는 빛을 흡수하는 물질이 있다고 생각했다. 그러나 흡수물질이 빛을 흡수해도 정상상태(定常狀態)에서는 반드시 다시 방출되기 때문에 이 가설은 아무 쓸모도 없었다. 그 때문에 무한우주론이 다소 불리해졌다.

샤리에(1862~1934)는 우주는 정지된 채 무한하지만 물질의 분포가 균일하지 않고 별이 모여 은하가 되었고, 은하가 모여 은하 집단이 되었다……는 식으로 천체에는 무한한 계층이 있다고 생각했다. 그리고 그 계층 간에 어떤 관계가 성립되면 무한정지우주라도 올버스의 패러독스는

$$\int_0^\infty \frac{L}{4\pi r^2} \cdot n4\pi r^2 dr = \int_0^\infty nL dr = nL \int_0^\infty dr = \infty$$

〈표 9〉 올버스의 패러독스

해결된다고 생각했다. 올버스의 패러독스가 해결된 것은 샤리에의 이론 때문이 아니었고, 이후에 우주팽창 개념으로 해결되었는데 샤리에의 이론은 흥미롭기 때문에 7장-3에서 다시 이야기하겠다.

에테르는 어디에

뉴턴은 공간을 절대공간이라 하여 아무것도 없는 공간으로 생각했는데, 전자기학의 창시자 맥스웰은 공간이 에테르라는 매질로 가득 찼다고 생각했다. 전자기파는 일종의 파동이므로 그 파동이 전달되는 매질이 필요하다(고 당시에는 생각했다). 그 매질이 에테르라는 것이다.

만일 에테르가 존재한다면 지구는 그 속에서 운동할 것이므로 빛의 속도를 여러 방향에서 측정해보면 에테르에 대한 지구의 운동이 측정될 것이었다. 그러나 마이컬슨과 몰리의 실험(1886)은 완전히 에테르의 존재를 부정했다. 여기에서 아인슈타인은 광속도는 일정하다는 것과 모든 관성계는 동등하다는 두 원리를 바탕으로 하여 특수상대론을 발견했다. 즉 에테르의 존재를 부인했다.

특수상대론은 역학에 있어서 갈릴레오의 상대성원리를 전자기학을 포함하는 형태로 확대했다. 그러나 여기서도 역시

에른스트 마흐

로렌츠 변환의 임의성(任意性)을 해결하지 못했다는 의미에서 절대관성계의 광역적 존재가 가정으로 들어 있다. 그런 의미에서 뉴턴의 절대공간에 대한 개념이 그다지 크게 변경된 것은 아니었다.

아인슈타인과 마흐

그런데 마흐(1838~1916)는 절대공간의 선험성(先驗性)을 격렬히 비판했다. 마흐에 따르면 관성계는 먼 곳의 별의 분포로 결정된다고 했다. 즉 전 우주에 대해 정지 또는 등속도 직선운동을 하고 있는 계가 관성계라는 것이다.

여담이지만 제트기 속도의 단위에 쓰이는 마하는 마흐의 이름을 딴 것이다. 그는 원자의 존재를 강력히 부정한 것으로도 유명하다. 기체분자운동론의 창시자 볼츠만은 원자, 분자운동 개념을 사용하여 열역학의 여러 공식을 유도하는 데 성공했는데 마흐의 거듭되는 비판에 골머리를 앓았다고 한다.

그건 그렇다 치고 마흐의 사상은 아인슈타인에게 크게 영향을 주었다. 1915년 아인슈타인은 마흐의 사상을 실현하려고 일반상대론을 완성했는데 곧이곧대로 마흐의 사상을 실현한 것은 아니었다.

즉 아인슈타인은 공간구조는 물질의 분포만으로 결정되는 형태라고 이론의 정식화(定式化)를 시도했는데, 완성된 방정식은 미분방정식이어서 경계조건이 필요했다. 그런 뜻에서 공간은 물질분포만으로는 완전히 결

쉬익

아인슈타인
우주

프리드만

정되지 않는다. 이 문제들은 다시 7장에서 자세히 논의하겠다.

뉴턴이 한때 우주의 구조와 국소적인 물리법칙을 떼어버린 것을 다시 결부시키려는 시도가 나온 것이다. 아인슈타인은 일반상대론을 정식화한 후 이를 우주론에 적용했다(1917).

당시의 개념에 따라 그는 균일하게 정지된 우주 모형을 만들려고 시도했다. 그런데 정적인 해답을 얻기 위해서는 중력장방정식에 만유반발력을 의미하는 우주항(字苗項)을 추가해야 했다. 그렇게 해서 얻은 해답은 아인슈타인의 정지우주(靜止宇苗)라 불렸고, 플러스의 곡률을 가진 폐쇄된 유한우주였다.

네덜란드의 드 지터(1872~1934)는 같은 해에 또 다른 우주 모형을 생각해냈다. 그러나 드 지터의 우주는 밀도가 0, 즉 아무것도 없는 빈 우주

여서 실정에 맞지 않았다.

밀면 짜부라지는 아인슈타인 우주

아인슈타인은 앞서 이야기한 우주항을 중력장방정식에 도입함으로써 정지우주 모형을 얻었는데, 1922년 러시아의 프리드만(1888~1925)은 아인슈타인의 우주 모형이 불안정하다고 지적했다. 즉 아인슈타인의 우주 모형을 조금만 흔들면 팽창하거나 수축하기 시작한다는 것이었다. 이리하여 우주는 항상 팽창하거나 수축상태에 있어야 한다는 것이 증명되었다.

1927년 벨기에의 목사이기도 했던 르메트르는 이를 바탕으로 팽창우주론을 전개했다. 보통 우주항이 없는 팽창우주 모형을 프리드만 모형, 우주항이 있는 팽창우주 모형을 르메트르 모형이라 부른다. 상세한 모형에 대해서는 다음 장에서 이야기하겠다.

팽창하는 우주 ― 허블의 법칙

1929년 우주팽창의 관측적 증거가 허블(1889~1953)에 의해 발견되었다. 1914년경 슬라이퍼는 은하의 스펙트럼 사진에 찍힌 스펙트럼선이 장파장 쪽으로 쏠린 것을 발견했다. 즉 적색편이로부터 그 은하가 시선(視線) 방향으로 멀어지는 속도를 측정했다. 허블은 광도와 변광주기에 일정한 규칙이 있는 케페이드 변광성을 사용하거나 제일 밝은 별을 기준으로

하여 그 은하까지의 거리를 측정했다. 그 결과 은하의 후퇴속도 u와 그 은하까지의 거리 r 사이에는,

$u=H_0 r$

라는 비례관계가 있음을 알아냈다. 여기서 H_0는 허블의 상수이다. 이 허블의 법칙이야말로 우주가 균일하게 팽창한다는 증거가 되었고, 여기서 팽창우주론이 확립되었다.

팽창우주론에 따르면 H_0의 역수는 우주의 연령, 즉 우주가 팽창을 시작하고 현재에 이르기까지의 시간을 나타낸다. 허블의 상수 H_0를 사용하면 우주의 연령이 18억 년이 되며, 이것은 태양의 연령 45억 년보다 짧다는 모순이 생겼다. 그러나 이것은 먼 은하까지의 거리 측정에 오차가 있었기 때문이며, 그 후의 관측으로부터 H_0의 값이 작아져 모순이 해결되었다.

오늘날 우주의 연령은 약 100억 년이고 최신의 보고로는 180억 년이라는 학설도 나와 있다. 정확한 연령을 결정하려면 정확한 거리를 측정해야 한다. 천문학에서 거리의 측정은 제일 어려운 문제에 속하며 여러 가지 난점이 많다.

3. 진화하는 우주

우주 초기의 원소생성

제2차 세계대전 전까지 우주론 연구는 주로 상대론적 팽창우주를 수학적으로 취급하는 연구, 이를테면 우주의 구조에 관한 연구가 주였다. 대전 후 가모프는 프리드만의 팽창우주론, 즉 우주의 진화에 관한 연구를 시작했다. 가모프는 『미지의 세계로의 여행 ─톰킨스 씨의 물리학적 모험』을 쓴 유명한 가모프이다.

톰킨스 씨는 꿈을 잘 꾸었는데, 가모프도 우주팽창 초기에 어떻게 원소가 생성되었는가 하는 장대한 꿈을 꾸었다. 현재 우주에서 보게 되는 수소로부터 우라늄에 이르는 92종의 원소는 우주 초기에는 대단히 고온이었기 때문에 그 속에 있던 혼돈된 재료가 약 20분 정도 사이에 「요리」된 결과로 만들어진 것이라고 가모프는 생각했다. 우주 초기가 고온이었다는 이론을 뜨거운 우주 모형이라고 부른다. 그런데 이 요리 재료를 그

가모프의 원소 합성

는 「아일럼」[1] 이라 불렸는데 그 정체는 중성자라고 생각했다.

물리학적으로 말하면 재료가 되는 중성자가 먼저 베타붕괴하여 양성자가 되고, 양성자와 중성자가 결합하여 중수소가 되었다…는 것이다. 그는 이것을 α-β-γ 이론이라 불렀다. α는 가모프의 제자 알퍼, β는 유명한 핵물리학자 베테, γ은 물론 가모프 자신이었다. 실제로 베테는 연구에는 참여하지 않았다고 하는데 말의 운을 맞추기 위해 이름을 빌렸다고 한다.

$\alpha - \beta - \gamma$ 이론에 부산물이 있었다. 현재의 우주가 약 7K의 흑체복사로 충만했었다고 그는 예언했는데 훗날 이 예언이 사실로 알려졌다.

---

1 아일럼이란 세계가 만들어졌다고 생각되는 원재료를 뜻하는 고대어이다.

또 가모프는 팽창우주 속에서 은하가 어떻게 형성되었는가도 논의했다. 현재의 우주진화론의 기틀은 가모프가 만들었다고 해도 과언은 아닐 것이다. 「원소의 요리」와 은하의 기원에 대해서는 6장에서 더 이야기하겠다.

한마디 덧붙일 말이 있다. 가모프는 「아일럼」의 본성을 중성자라고 생각했다. 그러나 사실은 그렇지 않다. 가모프가 가정한 고온 중에서는 중성자와 양성자의 혼합물이어야 하는 것이 있다고 일본의 하야시가 지적했다. 이에 대해서도 나중에 이야기하겠다.

유구하고 변함없는 우주

가모프가 진화우주론을 주장한 데 대해 영국의 본디, 고울드, 호일 세 사람은 정상우주론(定常宇苗論)으로 대항했다. 그들은 「우주에는 시작이 있었다」라는 것을 믿지 않았다. 그들은 우주는 공간적으로 균일할 뿐만 아니라 시간적으로도 균일해야 한다고, 즉 정상(定常)이어야 한다고 주장했다.

우주는 공간적으로 균일하고 등방적이라는 가설을 우주원리라 부르는데, 이에 시간적 정상성(定常性)을 덧붙인 것을 그들은 완전우주원리라고 불렀다. 그들이 정상우주론을 내세운 배경에는 당시에는 H_0의 값이 커서 진화우주론에 모순이 있었기 때문이었다. 또한 우주는 유구하고 불변(했으면 하는)하다는 생각이 있었을 것이다.

호일은 다음과 같이 말했다. 「프리드만 우주의 운동은 팽창 개시 때 주어지는 초기조건으로 결정된다. 초기조건은 원리적으로는 임의로 주어진다. 그런데 우주가 하나밖에 없다고 하면, 이 우주에 알맞은 초기조건이 왜 주어졌을까. 또 다른 초기조건이 주어져 또 다른 우주가 되면 왜 안 되는가. 이런 불합리를 없애는 데는 『우주의 시작』을 없애면 된다.」이 호일의 논리에 대한 반론은 나중에 이야기하기로 하고 좀 더 정상우주론의 내용을 알아보자.

우주가 팽창하고 있는 것은 관측적 사실이다. 팽창하고도 물질의 양이 일정하다고 하면 우주의 밀도는 낮아지기 때문에 정상성(定常性)에 위배된다. 팽창과 정상을 양립시키기 위해서는 물질이 무에서 창생되어야 한다. 호일은 물질창생의 장을 C(Creation)장이라 부르고, C장을 포함하는 중력이론을 세우고 정상우주론의 기초로 했다.

그들이 가정한 물질창생량은 수백만 년에 먼지 하나 정도였고, 현재의 실험기술로는 측정하지 못한다. 그 때문에 정상우주의 옳고 그름은 우주에 존재하는 천체가 전체적으로 진화하는가 어떤가, 또 가모프가 예언한 우주흑체복사가 있는지 없는지에 달렸다.

여담이지만 호일은 SF(과학공상소설) 작가로도 유명하며 『암흑성운』, 『비밀국가 ICE』, 『안드로메다의 A』 등 그의 과학지식을 종횡으로 구사한 진지하고 좋은 SF를 많이 썼다. 과학자로서 호일의 업적은 크지만, 그의 아이디어는 맞아떨어지면 큰 성과가 되었고, 맞지 않을 때는 허풍이 되었다. 어쨌든 스케일이 큰 사람이다. 호일은 케임브리지대학의 이론천문학연구소 소장이었는데 여러 가지 문제가 있어서 다시 소장 자리를 맡지 못하게 되자 화가 나서 케임브리지대학을 그만두었다고 한다. 영국인 학자에게 들은 이야기로는 그는 현재 「방랑 중」이라고 한다. 가십도 많은 사람이다.

역시 우주는 뜨거웠다 ─ 우주흑체복사의 발견

앞에서 이야기한 진화우주론과 정상우주론의 대항관계가 깨진 것은 1965년 펜지어스와 윌슨이 3K의 우주흑체복사를 발견했기 때문이다.

그들은 벨 전화회사에서 우주통신용 텔스터와 전파로 교신하는 안테나의 잡음을 조사하고 있었다. 잡음에는 안테나 자체에서 발생하는 것, 대기가 발생하는 것 등 여러 가지가 있다. 그런데 알고 있는 잡음을 모두 없애도 안테나 온도로 3K의 잡음이 남는 것을 알아냈다. 또한 그 잡음은 안테나를 천공의 어느 방향으로 향하게 해도 변함이 없음이 알려졌다.

우주흑체복사를 발견한 흔 안테나

그들은 이 잡음의 원인을 알아내지 못했지만 디케, 피블스 등 프린스턴대학의 연구진이 그것이 과거에 우주가 뜨거웠을 때 남은 복사가 틀림없다고 지적했다. 가모프의 뜨거운 우주 모형이 실증된 것이다.

실은 가모프의 예언은 그즈음 잊혔고 디케, 피블스가 그것을 재발견한 것이다. 그동안의 사정은 가모프가 펜지어스에게 보낸 편지에 잘 나타나 있다.

친애하는 펜지어스 박사, 3°K 복사에 관한 논문을 보내주어서 고맙습니다. 논문은 잘 쓰인 것 같은데 다만 옛날 역사가 완전하지 못합니다. 「원시의 불덩어리」라고 현재 알려진 이론은 제가 1946년에 처음으로 제안한 것입니다. 현재의 온도평가는 알퍼와 허만의 논문에서는 5°K, 제 논문에서는 7°K로 예상하고 있습니다. 제가 쓴 과학 해설책 『우주의 창조』속에서조차 공식

$$T = \frac{1.5 \cdot 10^{10}}{t^{\frac{1}{2}}} \,°K$$

가 나와 있고, 현재 온도는 50°K[2]를 넘지 않을 것이라 합니다. 그러므로 우주는 만능한 디케에 의해 창생된 것은 아닙니다.

1963년 9월 29일

G. 가모프 올림

---

2 1967/68 제13차 국제도량형총회에서 K로 변경되기 이전까지는 절대온도의 단위로 °K가 사용되었다.

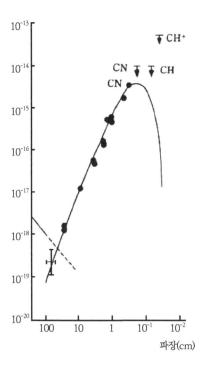

그림 4-1 | 우주흑체복사를 관측값과 2.8K의 플랑크 분포의 비교

가모프의 해학과 기지가 엿보이는 편지이다. 덧붙여 말하면 편지의 날짜가 틀린 것은 애교라고 할 수 있다. 사실은 1965년이었다.

그 후 많은 관측자들이 대략 2자리에 이르는 파장 영역을 상세히 관측한 결과 이 전파는 3K(정확히는 2.8K)의 플랑크 분포(흑체복사)와 잘 일치함을 확인했다. 이렇게 해서 진화우주론은 커다란 관측적 증거를 얻은 것이다.

호일의 발악

정상우주론자인 호일은 처음에는 그 흑체복사는 우주 초기의 고온으로 된 불덩어리로부터 오는 것이 아니라, 많은 은하가 내는 전파의 겹침이라든가, 아니면 우주공간에 산재하는 고체 수소의 먼지가 내는 복사라 주장했다. 그리고 끝내는 호일의 C장이론으로도 진화우주 모형이 만들어진다고 우기고 나섰다. 물론 호일은 최근에 와서는 정상우주에 관해서 침묵을 지키고 있다.

그 후에도 진화우주론에 유리한 증거가 자꾸 나왔으므로 현재 정상우주론은 거의 숨통이 막혔다 해도 된다. 그러나 과학은 본래 유동적이므로 언제 어떤 변화가 일어날지 모르고 거기에 대해 마음을 열어둘 준비는 항상 필요하겠다.

우주흑체복사가 발견되기 전에 정상우주론자인 한 사람이 쓴 책에 다음과 같은 내용이 있었다. 「과학은 항상 발전해가므로 오늘날 옳다고 인정된 이론도 내일에는 어떻게 될지 모른다. 그러나 우주론에 관해서는 예외가 있다. 인류는 우주에 관해서는 기본적으로 옳은 이론을 가지고 있다. 그것이 바로 정상우주론이다.」 그러나 10년 후 재판된 책의 서문에서 초판의 이 글이 잘못되었음을 마지못해 정정했다!

4. 우주론은 이제 끝났는가?

우리의 우주와 초우주

지금까지 알아본 대로 인류의 우주론은 끊임없이 확대되어 왔다. 고대인에게는 자신이 사는 곳 근처만이 전 세계였다. 그러나 인류의 인식이 발전됨과 더불어 세계=우주의 크기는 팽창했다. 아리스타르코스를 제외하면 코페르니쿠스 시대까지는 태양계가 우주였고, 브루노에 의해 무한하고 균일한 우주로 확대되었다. 허블의 발견은 정적인 우주라는 생각에서 벗어나 인류는 끊임없이 팽창을 계속하는 동적인 우주에 대한 개념을 얻었다.

보통 우주란 모든 시간, 공간, 물질을 포함하는, 즉 삼라만상을 포함하는 것이라 생각했다. 그러나 이 정의는 사실 애매하다. 인류의 우주관은 인류의 인식이 발전함과 더불어 확대되는 것을 알게 된 이상 궁극적인 우주가 무엇인가 물어도 우리는 대답하지 못한다. 이것은 현재뿐만 아니라 미래에도 그럴 것이다. 인류가 모든 것을 다 알아버린다는 것은 있을 수 없다고 본다. 그런 의미에서 우리가 문제로 삼는 것은 그 시대까지 인식한 「우주」이며 그 이상은 아니다.

현대의 우주론이 문제로 삼는 「우주」는 약 100억 년이라는 시간과 100억 광년이라는 공간적 확대를 가진 시공이다. 이 책에서는 이 「우주」를 「우리 우주」라는 말로 부르자. 우리 우주에는 아직도 모르는 것이 많지만 일단 과학의 대상이 되는 확실한 의의를 가지고 있다. 그러나 옛날부터 전해온 「우주론」은 아직도 전혀 정체를 모르는 대상을 안고 있다. 「우주론」은 끝이 없다.

만일 우리 우주가 시작하기 전의 우주라든가, 우리 우주 밖의 우주가 있다면(아마 있겠지만) 모두 합쳐서 초우주(超宇宙)라고 부르자. 5장과 6장에서 우리 우주의 구조와 진화를 알아보겠다. 초우주에 관한 지식은 아직 억측에 지나지 않고 확실한 관측적 근거도 없다. 이에 대해서는 7장에서 묶어서 이야기하겠다.

5장

우리 우주의 구조

1. 프리드만 모형의 세 개의 뿌리

일반상대론적 우주론

앞 장에서 말한 것같이 인류의 우주관은 지구중심주의의 우주 모형에서 출발하여, 오늘날 상대론적 팽창우주 모형까지 도달했다. 이 장에서는 대표적인 프리드만 모형의 구조에 관해 상세히 알아보겠다.

프리드만 모형은 세 가지 중요한 가설에 입각한다. 이것을 프리드만 모형의 세 개의 뿌리라고 부르자.

그중 하나는, 중력은 아인슈타인의 일반상대론에 의해 설명된다는 가설이다. 뉴턴의 중력이론보다 한발 앞선 중력이론은 오로지 아인슈타인의 일반상대론만이 아니다. 호일의 C장이론이나 브란스-디케의 이론을 비롯하여 열 손가락으로 세고도 남는다. 그러나 그중에서 현재의 관측적 검증으로 살아남을 수 있는 것은 네 가지라는 것도 앞에서 이야기했다.

네 이론 중에서도 일반상대론은 제일 간단하고 설득력이 있다. 그러므로 일반상대론을 부정하는 근거가 없는 이상 이 이론을 사용하는 것은 당연하다. 가설의 옳고 그름은 가설에서 유도해 낸 이론과 관측(또는 실험)을 비교함으로써 결정된다는 것이 근대적인 과학방법론이다.

우주에는 중심이 없다 — 균일성

프리드만 모형의 다음 가설은 우주의 균일성이다. 우주가 균일하다는 것은 우주의 어느 장소도 동등하며 중심이 없다는 주장과 마찬가지이다.

앞 장에서 이야기한 것같이 우주관의 발전 역사는 우주의 중심이 우리로부터 멀어져간 역사였다. 즉 지구로부터 태양, 태양으로부터 은하 중심으로 우주의 중심이 옮겨갔다. 브루노의 관점을 이어받은 19세기의 우주론자들은 우주의 중심을 좇는 대신 우주에는 중심이 없고, 우주는 균일하

프리드만 모형의 세 개의 뿌리

다고 생각하기에 이르렀다.

여기서 주의해야 할 점이 있다. 우주가 균일하다고 할 때, 광역적으로 봐서 그렇다는 것이지, 결코 국소적으로도 균일하다는 것은 아니다. 우주에는 별이 있고, 은하가 있으며, 이런 정도의 스케일로 보는 한 균일하다고는 할 수 없다. 이러한 고르지 못한 우주를 더 큰 스케일로 봐서 균일하면 그 우주는 균일하다고 할 수 있다. 이것은 마치 매끄러운(균일한) 금속 표면도 전자현미경으로 보면 복잡한 면인 것과 마찬가지이다.

〈표 10〉 우주의 여러 계층

계층	대표적 질량(태양질량 단위$M_\odot$)
항성	1
구상성단	10^6
은하	10^{11}
은하 집단	10^{14}
초은하 집단	?
우리 우주	10^{22}?

그러므로 우주는 이를테면 하나의 거대한 별 같은 것으로 그 내부에만 물질이 있고, 외부에는 무한히 공허한 공간이 계속되는 모형(메타 갤럭시)이므로 이 균일성이라는 가정과 맞지 않는다. 또 우주에는 별, 은하, 은하 집단……으로 무한히 계속되는 계층이 존재한다고 한 샤리에의 계층우주론에서도 균일성은 성립하지 못한다. 아무리 큰 규모로 밀도의 불균일성을 평균화해도 더 큰 규모에서는 밀도가 균일하지 않기 때문이다.

이 문제는 초우주항에서 다시 논의하기로 하고, 여기서는 우주는 광역적으로 봐서 균일하다고 전제하고 이야기하겠다.

어디를 향해도 모두 같다 — 등방성

세 번째 가설은 등방성(等方性)이다. 이것은 우주에는 특별한 방향이 없고 어디를 보든 같은 경치를 보게 된다는 주장이다. 지구상에서는 위를 보는 것과 아래를 보는 광경은 다르다. 또 은하의 중심을 보는 것과 반대 방향을 보는 경치도 역시 다르다. 그러므로 등방성도 국소적으로 성립되지 않아도 광역적으로 성립되면 된다.

그런데 균일성과 등방성은 완전히 서로 독립된 개념이 아니다. 균일하지 않으면 어디든지 등방하다는 것이 성립되지 못한다. 예를 들면 구는 중심에서만 등방성이 성립된다. 한편 균일해도 등방하지 않는 경우도 존재한다. 예를 들면 밀도가 균일한 우주가 회전하거나(괴델의 회전우주 모형), 한 방향으로 배열된 자기장이 있거나, 어떤 종류의 진동을 하는(믹스마스터 모형) 경우이다.

우주원리라는 이름의 가설

균일성의 가설과 등방성의 가설을 합쳐서 우주원리라고 부른다고 앞에서 이야기했다. 우주원리는 가설인데 「원리」라고 부르면 우주는 그래야 한다고 생각하기 쉽다. 하물며 「균일하므로 우주이다」라는 도착된 의론이 나온 적도 있었다.

우주원리가 성립되어온 역사는 앞 장에서 보았는데 그 근본에는 브루노가 말한 「신은 우주를 평등하게 창조하였을 것이다」라는 신학적인 배경이 있는 것 같다. 우리는 우주원리를 단순히 관측에서 얻은 근사적 사실, 또는 수학적 간단화를 위한 가정으로밖에 받아들이지 않는다. 그러나 어떤 과학자는 서양적인 역사적 배경을 가지고 있기 때문에 그렇게 단순하게 생각할 수 없는지도 모른다.

어쨌든 우주 「원리」는 가설이지 보편적인 원리는 아니다.

물론 우주원리에도 관측적 근거는 있다. 그중의 하나는 은하분포의 균일성이다. 망원경 관측에 의하면 약 30억 광년의 멀리까지 은하는 거의 균일하게 분포한다는 것이 알려졌다.

더 강력한 증거는 우주흑체복사의 등방성이다. 만일 지구가 우주의 특별한 장소(예를 들면 메타 갤럭시의 중심)에 있지 않다면 이 등방성은 우주의 균일성도 아울러 의미한다.

그러나 그것은 우주의 지평면까지 균일하다는 것일 뿐, 무한한 저쪽까지 균일하다는 증거는 되지 못한다. 그러므로 우주 「원리」는 어디까지나 가설이다.

2. 팽창하는 휜 균일공간 ─ 일반상대론적 우주 모형

우주의 팽창을 결정짓는 방정식

아인슈타인의 중력장방정식은 대단히 복잡한 비선형(非線型)방정식이
므로 풀기 쉽지 않다. 그러나 우주원리를 가정하면 모든 변수가 장소와
관계없이 시간만의 함수가 되므로 방정식은 극히 간단해진다.

우주의 크기를 지정하는 변수(스케일 팩터)를 a라 한다. a로서는, 예를
들어 두 은하 간의 거리를 잡아도 된다. 우주의 운동을 나타내는 방정식
은 다음과 같다.

$$\frac{1}{2}\left(\frac{da}{dt}\right)^2 - \frac{GM}{a} - \frac{\Lambda}{6}a^2 = -\frac{k}{2}$$

여기서 t는 시간, G는 중력상수, M은 반지름 a의 구 안에 포함되는 물
질의 질량, Λ는 우주상수, k는 0 또는 ±1의 값을 취하는 상수이다. 시간
의 단위는 광속도가 1이 되게 잡았다.

이 식은 Λ를 포함하는 항(우주항)을 무시하면(프리드만 모형) 뉴턴역학과
잘 대응한다. 반지름 a, 질량 M의 균일한 구를 생각하자. 구 안의 각 점은

아인슈타인과 르메트르의 논쟁

중력 이외의 상호작용이 미치지 않는다고 하자. 이 구의 운동을 지배하는 방정식은 앞의 식과 일치한다. 이 식은 잘 알려진 에너지 보존법칙이다. 좌변 제1항은 운동 에너지, 제2항은 위치 에너지, 우변은 전 에너지이다.

우주항은 만유반발력(Λ가 플러스일 때)의 위치 에너지를 나타낸다. 아인슈타인은 정지우주 모형을 만들기 위해 우주항을 도입하였으나 프리드만 모형이 발견된 후 다시 떼어 버렸다. 아인슈타인은 자연은 단순함을 좋아한다는 신념을 가지고 있었다. 르메트르는 우주항을 넣기를 고집했기 때문에 두 사람 사이에 격렬한 논쟁이 벌어졌다.

지금, 우리가 생각하는 구가 시각 t=0의 한 점에서 갑자기 폭발했다 하자. k의 값이 1인 경우에는 전 에너지가 마이너스이므로 팽창하던 구는 어느 시점에서 최대한에 도달하며 그 후에는 수축으로 전환해버리고 끝

그림 5-1 | k가 1인 우주 모형

내는 원래의 한 점으로 되돌아간다(그림 5-1).

k가 0과 -1인 경우 구는 팽창을 계속한다. 우주도 이와 마찬가지이다. 〈그림 5-2〉에 프리드만 모형의 값의 시간 변화를 나타냈다. 참고로 르메트르 모형인 경우도 나타냈다.

풍선우주

앞서 이야기한 것같이 프리드만 모형을 균일한 밀도를 가진 구의 팽창과 대비시키면 해석하기 쉽다. 그러나 둘 사이에는 기본적인 차이가 있다. 구에는 구의 중심이나 표면이 있고 결코 우주원리를 충족시키지 못한다. 우주원리를 충족시키는 우주에는 끝이나 중심이 있으면 안 된다. 그러므로 팽창우주와 팽창하는 구를 대비하면 어느 면에서는 좋지만 다른 면에서는 좋지 않다. 구의 내부는 결코 우주 그 자체는 아니다.

그런 의미에서는 우주를 구의 내부와 대비시키는 것보다 구의 표면과 대비시키는 편이 좋다.

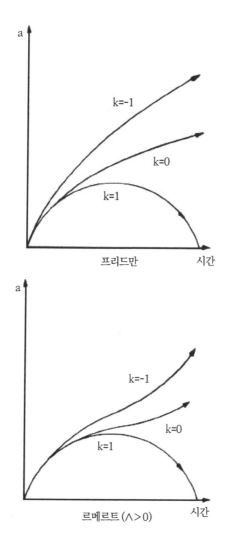

그림 5-2 | 프리드만 모형과 르메르트 모형의 스케일 팩터 a의 시간 변화

풍선우주

　지금 한 개의 풍선을 생각해보자. 그 풍선의 표면에 개미가 많이 붙었다고 하자. 풍선 표면은 우주에, 개미는 은하에 대응된다. 풍선에 바람을 넣으면 개미들의 간격이 점차 넓어진다. 어느 개미가 봐도 다른 개미는 자기를 중심으로 후퇴하는 것처럼 보인다. 이것은 허블이 주장한 팽창과 대응된다. 이때 a는 두 마리의 개미 사이의 거리이다. 풍선 표면에는 중심도 끝도 없으므로 이 풍선우주는 우주원리를 충족한다고 말할 수 있다.

　풍선의 중심은 이른바 우주 바깥에 있기 때문에 여기서는 생각하지 않는다. 이 풍선우주는 2차원의 휜 공간인데 현실 속의 우주는 3차원이다. 풍선 표면의 차원을 하나 올려 3차원이라고 상상하면(상상하기 어렵지만) 그것이 k가 1이 되는 닫힌 유한우주이다.

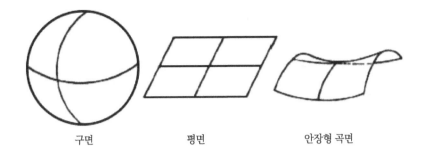

| 구면 | 평면 | 안장형 곡면 |

그림 5-3 | 곡률이 플러스(좌), 0(가운데), 마이너스인 세 가지 곡면

k가 0인 경우에는 풍선 같은 구면 대신 무한한 평면을, k가 −1인 경우에는 말안장 같은 곡면을 상상한다. k가 0과 −1인 경우는 열린 무한우주에 대응된다.

삼각형의 내각의 합은 2직각이 아니다

k가 0이 되는 우주는 곡률이 0인 평탄한 공간으로 유클리드 공간이라 불린다. 거기서는 유클리드 기하학이 성립한다. 즉 한 점을 지나 어느 직선에 평행한 직선은 하나만이라는, 이른바 평행선의 공리(公理)가 성립된다. 이 공리로부터 삼각형의 내각의 합은 180°라는 정리도 유도된다.

그러나 k가 1이 되는 우주는 곡률이 플러스가 되는 폐쇄된 공간이며, 여기서는 유클리드 기하학이 성립하지 않는다. 즉 평행선을 하나도 긋지 못한다. 그리고 삼각형의 내각의 합은 180°보다 크다.

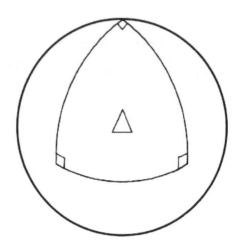

그림 5-4 | 구면삼각. 작은 삼각형의 내각의 합은 거의 180°인데 큰 삼각형은 270°가 되기도 한다

이런 사실은 풍선우주 같은 구면상의 기하학을 상상하면 쉽게 이해된다. 구면 기하학에서는 대원(大圓)이 직선에 대응한다. 그리고 두 대원은 반드시 교차한다. 즉 평행선을 그을 수 없다. 구면삼각형의 내각의 합은 180°보다 크다는 것도 쉽게 짐작이 간다. 구면상의 기하학을 3차원으로 확대한 것을 리만의 비유클리드 기하학이라 부른다. k가 1이 되는 우주는 리만의 비유클리드 기하학이 성립되는 공간이다.

한편 k가 -1이 되는 우주는 마이너스 곡률을 가진 개방된 공간이다. 그 우주에서의 기하학은 안장형 곡면상의 기하학과 마찬가지로 평행선을 무수히 그을 수 있다. 삼각형 내각의 합은 180°보다 작아진다. 이러한 기하학은 볼리야이 - 로바체프스키의 비유클리드 기하학이라 부른다.

이렇게 현실 속에 있는 우리 우주에서는 학교에서 배운 유클리드 기하학이 반드시 성립하는 것은 아니다. 그러나 유클리드 기하학과의 차이는 삼각형의 넓이를 공간의 곡률 반지름의 제곱으로 나눈 정도여서 우주를 덮을만한 큰 삼각형이 아닌 한 이는 무시할 수 있다. 그러므로 기계나 건축설계에 비유클리드 기하학을 사용할 필요는 없다.

먼 것일수록 빨갛다 — 적색편이

팽창우주 속에서, 관측자 O와 관측자에서 떨어진 곳에 있는 은하 G를 생각해보자. G로부터 시각 t_1에 나온 빛은 시각 t_2에 O에 도착한다고 하자. G에서 나온 빛의 파장을 λ_1이라 하면 그 빛은 O에 도착했을 때는 파장이 λ_2가 되어 버린다. λ_1과 λ_2의 관계는 다음 식으로 나타낸다.

$$\frac{\lambda_2}{\lambda_1} = \frac{a(t_2)}{a(t_1)}$$

여기서 $a(t_1)$, $a(t_2)$는 각각 시각 t_1과 t_2에서의 우주의 스케일 팩터이다.

팽창하는 우주에서는 $a(t_2)$는 $a(t_1)$보다 크기 때문에 λ_2는 λ_1보다 크다. 즉 G에서 나온 빛은 O에 도착할 때 파장이 늘어난다. 즉 빨갛다. 이것을 팽창우주의 적색편이라고 한다.

이 적색편이는 블랙홀에서 나오는 빛이 적색편이 하는 것과는 이유가 조금 다르다. 블랙홀은 강한 중력 때문이지만, 우주는 팽창 때문에 적색편이 한다.

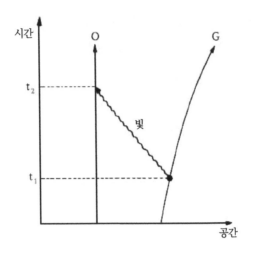

그림 5-5 | 적색편이의 메커니즘

관측자로부터 먼 은하에서 나온 빛일수록 그 은하로부터 일찍 나온 것이다. 그러므로 먼 우주에서 오는 빛일수록 더 많이 적색편이 된다. 즉 더 붉게 보인다.

우주의 지평면

먼 은하일수록 더 많이 적색편이 되는데, 그렇다면 아무리 먼 은하라도 관측될까. 그렇지는 않다. 관측자로부터 어느 거리에서는 적색편이가 무한대가 된다. 즉 보이지 않는다. 그런 곳을 우주의 지평면(地平面)이라 부른다. 지평면보다 저쪽은 보이지 않는다. 이런 사실은 앞의 식에서 $a(t_1)=0$

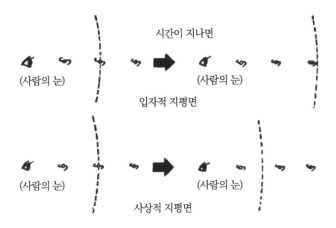

시간이 지나면

(사람의 눈)   (사람의 눈)

입자적 지평면

(사람의 눈)   (사람의 눈)

사상적 지평면

그림 5-6 | 프리드만 우주는 입자적 지평면을 갖고 드 지터 우주나 정상우주는 사상적 지평면을
　　　　　갖는다

이라고 하면 적색편이가 무한대가 되기 때문에 알 수 있다.

　스케일 팩터 a가 0이라는 것은, 다시 말해 우주의 시작이라는 것이
다. 그러므로 우주의 지평면이란 우주가 시작될 때 출발한 빛이 지금 가
까스로 관측자에게 도달했다고 하는 그러한 출발점을 말한다. 그러므로
우주의 지평면은 시간이 지남과 더불어 확대하여 더 먼 곳이 점점 보이
게 된다.

　이런 점에서 우주의 지평면은 블랙홀에 나타난 사상적(事象的) 지평면
과는 성질이 다르다. 사상적 지평면 너머에 있는 것은 아무리 기다려도
보이지 않는다. 사상적 지평면 바로 앞에서 저쪽에 물체가 빨려 들어가는
일은 있어도 그 반대는 없다.

프리드만 우주의 지평면에서는, 지금은 저편이 보이지 않더라도 시간이 지나면 이윽고 보이게 된다. 이러한 지평면을 입자적(粒子的) 지평면이라 부르고 사상적 지평면과 구별한다.

프리드만 우주와는 달리 드 지터의 우주나 정상우주에서는 사상적 지평면을 가진다. 르메트르 우주의 팽창에는 중간 기간이 있다. 그 기간에 빛이 우주를 몇 번씩이나 빙글빙글 돌 수 있고 지평면은 존재하지 않는다.

그렇게 되면 은하의 과거 모습이 현재의 모습과 겹쳐 보이거나, 우주의 반대극에 은하의 허상(虛像)이 보일 것이다. 현재로서는 관측으로부터 그런 허상이 있다는 증거는 없다. 톰킨스 씨가 꿈에서 본 우주는 이 르메트르의 우주였다.

3. 우리 우주는 열렸는가 닫혔는가

우주 모형을 결정하는 파라미터

프리드만 우주는 k값에 따라 열린 우주가 되기도 하고, 닫힌 우주가 되기도 한다는 것은 앞에서 이야기했다. 그런데 현실 속에 있는 우주는 어느 편에 대응하는가. 그것을 알기 위해서는 관측을 통해 감속계수 또는 허블상수와 우주의 평균밀도를 알아야 한다. 감속계수 q_0는 우주팽창이 중력으로 감속되는 정도를 나타내는 파라미터이다. q_0가 1/2보다 크면 닫힌 우주, 1/2보다 작으면 열린 우주, 1/2과 동등하면 곡률이 0인 열린 우주(유클리드 공간)가 된다.

〈표 11〉 우주 모델을 결정하는 파라미터

허블상수	$H_0 = \dfrac{da}{dt} / a$
감속계수	$q_0 = -\dfrac{d^2a}{dt^2} / aH_0^2$
임계밀도	$\rho_c = 3H_0^2 / 8\pi G$

<표 12> 3종의 우주 모형

k	우주 모델	q_0	ρ	연령 t
1	폐쇄, 유한	$q_0 > \frac{1}{2}$	$\rho > \rho_c$	$t < \frac{2}{3}H_0^{-1}$
0	개방, 무한	$q_0 = \frac{1}{2}$	$\rho = \rho_c$	$t = \frac{2}{3}H_0^{-1}$
-1	개방, 무한	$q_0 < \frac{1}{2}$	$\rho < \rho_c$	$t > \frac{2}{3}H_0^{-1}$

감속계수 대신에 우주의 평균밀도 ρ와 임계밀도 ρ_c의 대소관계를 알아봐도 된다. 임계밀도 ρ_c는 허블상수와 중력상수로부터 구한다. 만일 ρ가 ρ_c보다 크면 닫힌 우주, ρ_c보다 작으면 열린 우주, ρ_c와 같으면 유클리드적 우주가 된다.

허블상수의 역수는 거의 우주의 연령(a가 0인 순간으로부터 현재까지의 시간)을 나타낸다는 것은 벌써 이야기했다. 그러나 정확한 연령은 q_0의 값에 따라 달라진다. 유클리드적 우주에서 우주의 나이는 $\frac{2}{3}H_0^{-1}$인데, 닫힌 우주에서는 그보다 짧고, 열린 우주에서는 그보다 길다. 표에 그런 성질을 나타냈다.

감속계수의 결정

감속계수 q_0는 먼 은하의 적색편이와 그 겉보기 등급관계로부터 구할 수 있다. <그림 5-7>에 여러 가지 q_0를 가정한 이론곡선과 관측값의 관계

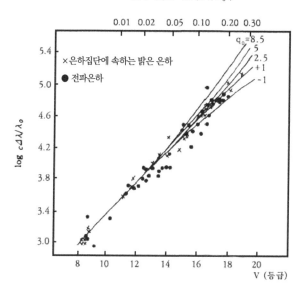

빛이 여행한 시간 (단위 H_0^{-1})

그림 5-7 | 적색편이와 겉보기의 등급 V의 관계. $\Delta\lambda$는 파장의 신장, λ_0는 원래의 파장, 실선은
계산값, ●×는 관측값이다(샌디지에 의함)

를 나타냈다.

q_0가 −1이라는 것은 정상우주 모형과 대응한다. 관측값이 불균형하므
로 결정적으로 말할 수 없으나 적어도 −1의 곡선과 맞지 않는다. 샌디지
는 이론곡선과 관측값을 주의 깊게 비교하여 다음과 같은 q_0값을 얻었다.

$q_0 = 1.2 \pm 0.4$

만일 이 값이 옳다면 우리 우주는 닫힌 유한우주이다. 그러나 이론곡
선은 가까운 은하나 먼 은하나 밝기가 같다고 가정하고 계산했으니 이점

을 주의해야 한다. 먼 은하는 가까운 은하보다 먼저 빛을 냈으므로, 만일 옛날 은하가 지금보다 밝았다면 그것을 보정하는 것도 고려해야 한다. 실제 이 진화 보정을 고려하면 q_0값은 더 작아진다.

「적색편이 — 겉보기 등급」의 이론곡선은 q_0가 달라지면 오른쪽 위에서 크게 갈라진다. 그래서 적색편이가 큰 것, 즉 멀리 있는 것을 관측하면 관측값이 어느 이론곡선과 맞는가를 알게 될 것이다.

보통 은하는 너무 멀면 어두워서 보이지 않는다. 그러나 준성(準星)은 대단히 밝고 또 아주 크게 적색편이 한다. 따라서 준성의 「적색편이 — 겉보기 등급관계」를 알아보면 우주의 구조가 드러날지 모른다고 생각되었다. 그러나 실제 조사했더니 준성은 관측값이 너무 고르지 않아 q_0의 값을 결정하는 데는 쓸모가 없었다. 준성의 밝기는 각각 달라서 표준광원으로 되지 못하기 때문이다.

우주의 평균밀도

감속계수 대신 우주의 평균밀도와 임계밀도의 크기를 비교해도 우주의 구조를 결정지을 수 있다는 것은 앞에서 이야기했다. 임계밀도를 결정하는 데는 허블상수를 알아야 한다. 허블상수를 알려면 먼 천체의 후퇴속도와 그 천체까지의 거리를 알아야 한다. 후퇴속도는 그 천체가 발하는 빛의 스펙트럼선이 도플러 효과에 의해 적색편이 하는 사실로부터 확실하게 계산할 수 있다.

그러나 천체까지의 거리를 구하기란 대단히 어렵다. 케페이드 변광성(變光星)을 포함하는 은하에서는 이것을 이용하여 거리를 구한다. 그러나 이 방법은 비교적 가까운 은하에만 이용된다. 케페이드형 변광성을 볼 수 없을 만큼 먼 경우에는, 예를 들어 제일 밝은 구상성단(球狀星團)을 표준광원으로 정하고 거리를 구한다. 구상성단조차 알아보지 못할 만큼 먼 경우에는 은하 집단에 속하는 광도가 큰 타원은하를 표준광원으로 채택한다. 이렇게 거리를 결정하는 데는 어느 정도 확실하지 못한 요소가 뒤따르기 때문에 H_0값도 가끔 변경되었다.

샌디지가 최근에 관측한 값은

$$H_0 = 55 \pm 7 \text{km/s} \cdot \text{Mpc}$$

$$(\text{Mpc}=10^6 \text{pc}, 1\text{pc}=3.26광년)$$

이다. 그러나 여러 가지 불확실성을 고려하여 H_0값에 폭이 있다고 생각하는 것이 좋다.

$$48 < H_0 < 130 \text{km/s} \cdot \text{Mpc}$$

이에 따라 우주 연령의 척도가 되는 H_0의 역수는,

$$7.5 \cdot 10^9 < H_0^{-1} < 19.5 \cdot 10^9 년$$

또 임계밀도 ρ_c는,

$$4.7 \cdot 10^{-30} < \rho_c < 3.2 \cdot 10^{-29} \text{g/cm}^3$$

이다.

올트는 은하의 수를 측정하여 우주의 평균밀도를 구했다. 그에 의하면,

$$\rho = 6 \cdot 10^{-31} \text{g/cm}^3$$

M87타원은하 주위의 구상성단. 이 은하 주위에서 수백의 구상성단을 볼 수 있다

머리털자리의 은하 집단

이었다. 이것은 ρ는 ρ_c보다 작으므로 q_0 때와는 반대로 우리의 우주는 열린 무한우주라는 뜻이다. 그러나 올트가 계산한 것은 눈에 보이는 은하뿐이었다는 점에 주의해야 한다. 너무 어두워 보지 못한 우주라든가, 은하와 은하 사이에 퍼진 가스라든가 블랙홀 등이 많으면 평균밀도는 더 커질 가능성이 있다.

이렇게 현재로서는 관측으로부터 우리 우주구조를 결정하려는 연구는 아직 성공하지 못했다. 그러나 ρ가 ρ_c보다 훨씬 크다고는 생각할 수 없다. 또 그 밖의 상황을 함께 생각하면 지금으로서는 우리의 우주는 곡률이 0에 가까운, 즉 ρ가 ρ_c에 가까운 우주라고 생각하는 것이 무난한 것 같다.

6장

우리 우주의 진화

만물은 유전한다

이 세계는 만고불변한 것인가, 아니면 그리스의 철학자 헤라클레이토스가 말한 것처럼 「만물은 유전한다」는 것인가. 이 문제는 고금동서를 막론하고 큰 문제였다. 불교사상에서는 「제행무상(諸行無常)」하며 「가는 강물은 그치지 않고, 또한 원래의 물이 아니다」라고 만물의 변전을 강하게 의식했다.

그런데 현대에는 진화우주론과 정상우주론이 대립하여 다시 논의하게 되었다. 그리고 그 논쟁은 3K의 우주흑체복사의 발견으로 인해 진화우주론에 결정적으로 유리하게 정세가 바뀌었음은 앞에서 이야기했다.

다윈의 생물 진화론 이후 진화라는 말이 정착되었다. 진화란 더욱 고도한 방향으로의 비가역적인 변화라고 정의된다. 그런 의미에서는 생물 전체뿐만 아니라 인류, 사회도 진화한다고 말할 수 있다. 또한 유기적 존재뿐만 아니라 우주의 여러 계층, 예를 들면 지구, 항성, 은하 등도 진화한다고 생각된다. 이것은 여러 가지 관측적, 이론적 사실을 바탕으로 하여 착실히 지반을 굳히고 있다.

그리고 그 총체로서 우주 자체도 진화한다는 생각도 극히 타당하다. 이 장에서는 우주 진화를 좀 더 캐보자.

1. 뜨거운 우주의 초기

빅뱅 모형

우주진화론(코스모고니)은 앞 장에서 이야기한 우주구조론과 더불어 우리의 우주를 이해하는 데 빠뜨릴 수 없는 연구 분야이다.

현재 우주는 팽창하고 있다. 이 사실은 과거로 거슬러 올라가면 대단히 밀도가 높은 시대가 있었음을 나타낸다. 앞 장에서 이야기한 것같이 우주의 스케일 a가 0이 되는 데까지 프리드만 모형을 믿는다면 그 시각 t=0에서 우주밀도가 무한대가 된다. 이 시각을 「우리 우주의 시작」이라 부르자.

우주 초기는 고밀도이기만 했던 건 아니다. 여기에 「고온도였다는 가정」을 덧붙인 우주 모형을 뜨거운 우주 모형, 불덩어리 모형, 빅뱅 모형 등으로 부른다. 물론 「차가운 우주 모형」도 있을 수 있으나 아무래도 원소의 기원과 맞지 않는다.

빅뱅 모형도 프리드만 모형의 일부이며 팽창방정식에 고온 복사로 인해 만들어지는 중력장을 덧붙이기만 하면 된다.

우주의 시작

　가모프가 뜨거운 우주와 그 속에서 원소가 합성되었음을 생각해 낸 것
은 선견지명이 있었다고 하겠다. 가모프의 예언은 20년 후에 현실로 인정
되었다. 그 이후 뜨거운 우주 모형을 기초로 한 우주의 시작에 관한 연구
가 급속히 진행되었다.

　그리하여 다음에 이야기하는 개념이 만들어졌고 뜨거운 모형이 어떤
것인가 대략 알게 되었다. 그것이 사실인가 어떤가에 대해서는 문제점도
있지만, 현재로서는 지지하는 관측도 많이 나오고 있다.

오래된 일일수록 잘 나타난다

놀랍게도 일단 프리드만 모형을 채택하면 우주 초기의 온도가 시간의 함수로서 일의적(一意的)으로 결정된다. 그 식은 가모프가 펜지어스에게 보낸 편지에 썼던 식이다(4장-3 참조).

즉 우주가 시작되고 나서 1초 후의 온도는 대략 100억 K, 100초 후는 대략 10억 K였다. 온도를 알면, 그런 온도를 갖는 우주 속에서 일어나는 갖가지 물리적·화학적 과정을 비교적 쉽게 알 수 있다. 역설적이지만 우주 역사에 관해서는 초기의 사실을 그 후의 사건보다 잘 알 수 있다.

중성미자의 바다

우주가 시작하고 나서 100만 분의 1초 후, 즉 온도가 10조 K 정도였던 때는 어땠을까. 다음과 같은 반응으로 μ중간자나 전자를 매개로 해서 빛과 중성미자가 상호작용했다.

$$2\gamma \leftrightarrow \mu^+ + \mu^- \leftrightarrow \nu_\mu + \overline{\nu_\mu}$$
$$2\gamma \leftrightarrow e^+ + e^- \leftrightarrow \nu_e + \overline{\nu_e}$$

여기서 γ는 광자, $\mu^\pm$는 플러스, 마이너스의 μ중간자, $e^\pm$는 플러스, 마이너스의 전자, ν_μ와 ν_e는 각각 μ중성미자와 전자중성미자를 나타낸다. 글자 위의 ―는 반입자(反粒子)를 뜻한다. 팽창이 진행되어 온도가 내려가면 광자는 입자·반입자쌍을 창생하는 에너지를 상실하여 광자와 중성미자의 상호작용이 끊어진다. 그것은 ν_μ에 대해서는 100분의 1초, ν_e에 대해서는 0.2초 후였다.

그 후 이들 중성미자는 빛을 포함한 우주의 다른 물질과는 거의 상호작용하지 않고 현재까지 살아남았을 것이다. 이 중성미자는 우주에 골고루 차 있을 것이며 중성미자의 바다라고 불린다. 그러나 그 중성미자의 에너지는 너무 낮고 상호작용이 약하기 때문에 현재의 탐지 기술로는 측정하지 못한다.

최근에 와서 중성미자도 직접 관측할 수 있게 되었지만 에너지가 높은 경우만이다. 에너지가 낮은 경우는 에너지의 제곱에 비례하여 반응단면적이 작아진다. 그러나 만일 장차 중성미자의 바다를 확인할 수 있다면 그것은 우주흑체복사의 발견보다 더 큰 의미를 가질 것이다. 프리드만 모형이 100분의 1초 시대에까지 적용된다는 하나의 증거가 될 것이기 때문이다.

아일럼은 양성자와 중성자

가모프는 우주 초기의 원시물질 「아일럼」은 중성자라고 생각했다. 그러나 1950년 일본의 하야시는 아일럼은 양성자와 중성자의 혼합물이어야 한다고 제창했다. 실제 고온의 우주에서는 약한 상호작용을 통해 다음과 같은 반응이 일어나 중성자는 일부분이 양성자로 전환된다.

$$n + e^+ \leftrightarrow p + \overline{\nu}_e \qquad\qquad n + \nu_e \leftrightarrow p + e^-$$
$$n \leftrightarrow p + e^- + \overline{\nu}_e$$

여기서 n은 중성자, p는 양성자를 나타낸다.

하야시의 논문은 우주론에 소립자물리학을 도입한 최초의 이론이었다. 이 반응에서 중성자와 양성자는 1초까지는 거의 같은 수가 존재한다. 그 이후에는 주로 중성자가 양성자로 베타붕괴하는 반응이 월등하여 양성자수가 늘어난다.

97%는 실현된 가모프의 꿈

양성자와 중성자가 공존하면 다음과 같은 반응을 통해 중수소 d(듀테론)를 만든다.

$n+p \leftrightarrow d+\gamma$

우주의 온도가 10억 K로 내려가면 이 반응으로 중수소가 증가한다. 그리고 이번에는 중수소를 바탕으로 한 일련의 반응에 의해 헬륨-3 (He-3), 헬륨-4 (He-4)(이것이 보통의 헬륨)가 만들어진다.

$d+d \rightarrow t+p, {}^3He+n$ $\qquad\qquad$ $t+d \rightarrow {}^4He+n$

${}^3He+n \rightarrow t+p$ $\qquad\qquad$ ${}^3He+d \rightarrow {}^4He+p$

여기서 t는 삼중수소(트리톤)이다. 최종적으로 이 반응에서 중량비로 말하면 30%는 헬륨이 만들어진다.

가모프는 같은 반응이 연속적으로 진행되면 우라늄에 이르는 모든 원소가 우주의 초기에 합성된다고 생각했다. 그러나 더 연구가 진행되자 질량수가 5와 8인데 안정한 원소가 존재하지 않고 그 이상의 원소가 합성되지 않는다는 것을 알아냈다. 이것을 질량수 5와 8의 크레바스(갈라진 틈)라고 부른다. 불행하게도(?) 가모프는 크레바스에 빠져버렸다.

그리하여 버비지 부부, 파울러, 호일 네 사람은 원래 우주에는 수소밖에 없고, 그보다 무거운 원소는 모두 별 속에서 일어난 핵연소에 의해 생성되었다고 주장했다. 그런데 이 이론을 잘 검토해 보니 아무래도 헬륨은 별 내부에서는 합성되지 못한다는 것을 알아냈다.

현재는 두 가지 이론의 절충안을 채택한다. 수소, 헬륨(그리고 아마 중수소도)은 우주의 초기에 만들어졌고, 탄소(C) 이하의 무거운 원소는 별에서 만들어진다고 생각한다. 중간에 있는 리튬(Li), 베릴륨(Be), 붕소(B)에 대해서는 잘 모른다.

그러므로 가모프의 꿈은 92종의 안정 원소 중 수소와 헬륨에 대해서는 실현되었다고 하겠다. 수소와 헬륨뿐이라면 겨우 2종밖에 못된다고

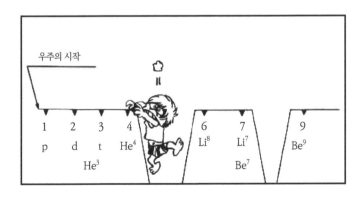

질량수 5와 8의 크레바스

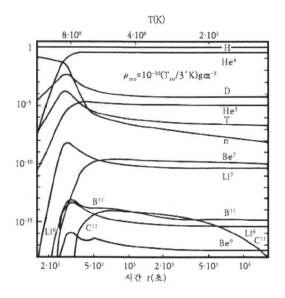

그림 6-1 | 우주 초기의 원소 합성

생각할지도 모르겠다. 그러나 수소와 헬륨은 전 우주 물질의 97%(다만 질량비)를 차지한다. 이렇게 생각하면 우주의 원소 대부분이 우주 초기의 약 20분 동안에 합성되었다고 해도 과언이 아니다. 가모프의 꿈은 97%가 실현되었던 것이다.

〈그림 6-1〉은 우주 초기에 원소 합성에 따른 조성 변화를 컴퓨터로 계산한 결과를 보여 준다. 관측에 의하면 천체의 헬륨양은 25~30%라고 하며, 계산값과 잘 맞는다. 이런 일치가 뜨거운 우주 모형의 유력한 하나의 증거가 되는 것이다.

태초에 빛이 있었다

우주 초기는 빛에 찬 시대였다. 성서의 말을 빌리면 「태초에 빛이 있었도다」이다. 그리고 빛의 무게는 물질의 무게를 훨씬 능가했다.

여기서 물리학을 조금 알고 있는 독자라면 이상하게 생각할지 모른다.

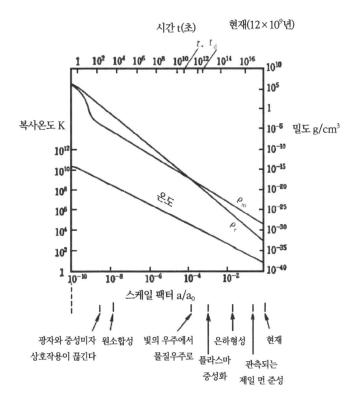

그림 6-2 | 우주의 진화. 횡축에 시간(위)과 스케일 팩터 a(아래)를 나타낸다. a_0는 현재의 스케일 팩터, 종축은 복사온도 T(좌), 물질밀도(ρ_m), 복사밀도(ρ_r)(모두 우)이다. 주요사건도 같이 나타낸다 (Dicke, Peebles and Wilkinson, 19)

빛의 무게라니? 빛의 질량은 0일 텐데. 그렇다, 빛의 정지질량은 0이다. 그러나 빛은 정지하고 있지 않다. 「에너지와 질량은 등가이다」라는 아인슈타인의 관계에 의해 에너지가 높은 빛은 그만큼 「무겁다」. 즉 우주 초기에는 빛(복사)이 만드는 중력장은 물질이 만드는 중력장보다 훨씬 강했다.

그러나 복사 에너지 밀도는 우주의 스케일 a의 네제곱에 반비례하여 감소하는 데 비해 물질밀도는 a의 세제곱에 반비례하여 감소하므로 어느 시기 이후에는 물질밀도 쪽이 커진다. 이 시각 t^*야말로 빛의 우주로부터 물질의 우주로의 전환점이었다. 이 시각 t^*는 우주가 시작하고 거의 1000년 후였다.

흐린 뒤 맑음 — 우주는 개었다

여기까지 이야기한 물질이란 수소와 헬륨의 플라스마, 즉 전자를 떼어낸 벌거벗은 원자핵이었다. 우주 초기에는 온도가 높았으므로 모든 원자는 플라스마 상태였다.

그런데 우주 온도가 4000K까지 내려가자 수소는 전자를 붙잡고 중성의 수소원자가 되었다(헬륨은 8000K 정도에서 중성이 된다). 이렇게 대부분의 원자가 중성이 되어버리면 지금까지 공간을 자유롭게 돌아다니던 전자는 갑자기 수가 감소한다. 자유전자수가 원자의 10만 분의 1 정도까지 감소해 버린다. 원자의 중성화가 일어난 시각을 t_d라고 하면, 그때는 우주팽창이 시작하고 나서 약 10만 년 후이다.

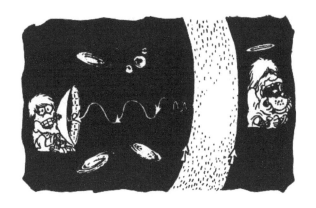

우주를 본다. 원방일수록 옛날 사건을 보게 된다. 신의 모습은 불투명한 플라스마 저쪽에서는 보이지 않는다?

플라스마의 중성화는 우주 진화에서 대단히 중요한 사건의 하나이다. 원자가 플라스마 상태에 있으면 광자는 자유전자와 빈번히 충돌하여 직선적으로 운동하지 못한다. 그 결과 빛과 물질(플라스마)은 일체가 되어 운동한다. 그런데 플라스마가 중성화하여 자유전자수가 줄면 빛은 물질과 충돌하지 않고 직진하기 시작한다. 플라스마 중성화 이전에 우주는 이른바 안개가 낀 것같이 전체가 몽롱했다. 그랬다가 중성화 때 갑자기 날이 갠 것이다.

현재 우리가 관측하는 3K의 우주흑체복사란 중성화 때 직진하기 시작한 빛이 우주팽창 때문에 적색편이 되어 전파로까지 파장이 늘어난 것이다.

중성화는 또 하나 중요한 역할을 한다. 원자가 플라스마 상태이면, 앞에서 이야기한 것처럼 빛과 물질은 일체가 되어 운동한다. 즉 빛의 복사 압력이 물질에 작용한다. 이 시대의 복사압력은 물질의 가스압력에 비해 대단히 컸다. 그 때문에 밀도의 비균일성이 생기려 해도 곧 복사압력 때문에 억압되었다. 즉 중성화 이전에는 별이나 은하는 결코 존재하지 않았으며 생성되지도 않았다. 우주에 별이나 은하가 나타난 것은 중성화 이후였다. 이 문제는 다음 절에서 자세히 이야기하겠다.

냉각재가 되는 수소분자의 출현

우주의 온도가 더 내려가 300K 이하가 되자 다음과 같은 반응으로 수소분자가 만들어지기 시작했다.

$$H+e \leftrightarrow H^-+\gamma, \quad H^-+H \rightarrow H_2+e$$

이 반응에서 전자는 촉매의 역할을 했다. 그런데 전자수가 적기 때문에 이렇게 해서 만들어진 수소분자량은 우주의 평균적인 장소에서 수소의 100만 분의 1밖에 안 된다. 그러나 이후에 은하나 별이 될 만큼 밀도가 높은 영역에서는 수소의 1,000분의 1 정도가 되었다. 이것은 충분한 양이라 하겠다.

수소분자가 왜 중요한가. 그것은 가스가 중력 때문에 수축하여 별이 될 때 발생하는 열을 복사의 형태로 변환하여 밖으로 발산하는 구실을 하기 때문이다. 보통의 별에서는 탄소나 산소의 원자가 그 구실을 하는데 우주 초기에는 그런 원자가 거의 없었다. 수소분자야말로 유효한 냉각재

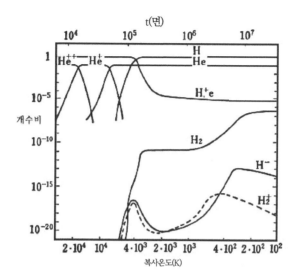

그림 6-3 | 플라스마의 중성화와 수소분자의 형성

(冷却材)가 될 수 있었다. 헬륨, 수소의 중성화와 수소분자의 형성을 컴퓨터로 계산한 결과를 〈그림 6-3〉에 나타냈다.

2. 은하의 기원 — 중력불안정설

팽창우주 속의 불균형

망원경으로 밤하늘을 보면 행성, 항성, 성단, 은하, 은하 집단이라는 여러 가지 계층의 천체가 보인다. 이 천체들은 언제 어떻게 생성되었을까. 어떤 순서로 생성되었을까. 이것은 우주진화론에서 중요한 문제이다. 전에 칸트나 라플라스도 논의했었다.

흔히 이 계층 중에서 은하가 맨 처음으로 생성되었다고 생각한다. 팽창우주에서 은하의 기원을 현재 보는 형식으로 계통적으로 논의한 것은 역시 가모프였다.

앞 절까지 살펴본 우주는 세부구조가 없는 밋밋한 균일 우주였다. 큰 (진폭의) 울퉁불퉁함은 플라스마가 중성화되기 이전에는 생성되려 해도 복사압력에 의해 깨진다는 것은 앞에서 이야기했다. 그러나 완전히 균일한가 하면 그렇지는 않고 작은(진폭의) 울퉁불퉁함은 존재할 수 있었다. 일반적으로 평균상태로부터의 벗어남을 흔들림이라 부른다. 그러므로 밀도가 작은 울퉁불퉁함을 밀도 흔들림이라고 부른다.

흔들림에는 세 종류가 있다. 밀도 흔들림, 속도 흔들림, 중력파로서의 공간의 흔들림이다. 이중 중력파는 물질과 거의 상호작용하지 않으므로 물질밀도의 비균일이 형성(은하 등의 형성)되는 데 영향을 주지 않을 것 같으므로 여기서는 논의하지 않기로 한다. 앞의 두 가지에 대해 알아보기로 하자.

중력에 의한 균일매질의 갈라짐

균일한 매질 속에 작은 진폭의 밀도 흔들림이 생긴 경우 그것이 자기 중력으로 어떻게 성장하는가를 처음으로 정량적으로 고찰한 것은 영국의 진즈(1877~1946)였다. 진즈에 따르면 흔들림 파장이 어느 임계파장(이것

불안정성-부자는 자꾸 돈을 벌지만 가난뱅이는 언제까지나 가난뱅이다. 임계자본(진즈자본이라 부른다) 이상을 가지면 돈은 상호 간의 인력으로 모여 자본을 성장한다

을 진즈파장 λ_j라 부른다)보다 길면 흔들린 부분은 압력을 이겨내고 자기 중력으로 수축하여 흔들림 진폭은 커져 성장한다. 다른 한편, 흔들림 파장이 λ_j보다 짧으면 흔들린 부분에 작용하는 압력구배의 힘이 중력보다 강해져 흔들림은 성장하지 못한다. 이때 밀도 흔들림은 음파로서 진동한다. 이 기구를 중력불안정성 또는 진즈불안정성이라 부른다.

진즈가 생각한 정지매질에서 흔들림의 성장속도는 지수함수적이었고 극히 빨랐다. 진즈는 이 중력불안정성이 작용하여 균일한 가스가 갈라져 별이나 은하가 만들어졌다고 생각했다.

우주에서의 중력불안정성

우주에서 은하가 형성되는 데 중력불안정성을 적용하려면 두 가지 점에 주의해야 한다. 첫째, 우주는 팽창하므로 팽창매질 속에서 흔들림의 성장속도는 정지매질처럼 빠른가 어떤가. 둘째는 중력불안정성이 작용하려면 원래 밀도 흔들림의 알이 있어야 하는데 대체 그것은 무엇인가.

첫째 문제는 소련의 리프시츠와 하라트니코프가 일반상대론까지 고려한 이론을 전개했다. 그 후 많은 연구가 진행되었다. 그 결과에 따르면 팽창우주 속에서 밀도 흔들림이 성장하는 것은 시간의 지수함수가 아니고 폭함수임이 알려졌다. 이 성장속도는 지수함수에 비해 극히 느리다. 우주 속에서 중력불안정성의 성장은 극히 완만한 것이다.

밀도 흔들림의 알

밀도 흔들림의 알이 될 만한 후보로는 먼저 원자수의 통계적 흔들림이 생각난다. 우주 초기에 물질밀도가 균일하다고 가정해도 완전히 균일할 수는 없다. 반드시 약간의 불균일이 있다.

〈표 13〉 팽창우주 속에서 중력불안정의 성장. ρ는 평균밀도, $\delta\rho$는 평균에서의 밀도의 벗어남, t는 성장 개시 후의 시간

$$\frac{\delta\rho}{\rho} \propto t \qquad\qquad\qquad\qquad\qquad \text{(빛의 우주)}$$

$$\frac{\delta\rho}{\rho} \propto t^{\frac{2}{3}} \qquad\qquad\qquad\qquad\quad \text{(물질의 우주)}$$

지금 어떤 부피를 생각하고, 그 속에는 평균 N개의 원자가 존재한다고 하자. 통계역학에 의하면, 원자는 생각하고 있는 부피를 둘러싸는 벽을 통해 항상 출입한다. 그 때문에 부피 속의 원자수는 항상 N의 제곱근 정도 증감한다. 은하 정도의 질량은 그 속에 10^{68}개의 원자를 함유하고 있으므로 원자수는 대략 10^{34} 정도 항상 증감한다. 따라서 이 증감과 원자수의 비는 10^{-34}이다. 앞의 표의 $\delta\rho/\rho$의 초깃값은 10^{-34}가 된다.

$\delta\rho/\rho$가 증대하여 1 정도가 되면 흔들림은 충분히 성장했다고 말할 수 있게 된다. 10^{-34}이 되는 흔들림의 알이 약 100억 년이라는 우주 연령 사이에 충분히 성장하려면 흔들림의 성장개시 시각은 3×10^{-34}초가 되어야 한다. 이 값은 너무도 비현실적이다. 그렇게 극히 초기에까지 프리드만 우주가 적용되는지도 의심스럽고, 설사 그렇더라도 밀도 흔들림은 플

라스마가 중성화될 t_d까지는 거의 성장하지 못하기 때문이다.

계산에 의하면 중력불안정성에 의해 은하가 생성되는 데는 t_d 때 $\delta\rho/$ $\rho=10^{-3}$이라는 흔들림이 필요하다. t_d 이전에는 흔들림이 그다지 성장하지 않는다고 이야기했다. 그렇다는 것은 우주 초기에 그만한 흔들림의 알이 없으면 은하는 중력불안정으로 생성되지 않는다는 것이다. 왜 그 흔들림의 알이 생겼는지는 모른다. 그것이 있었다고 하고 흔들림의 알이 중력불안정성에 의해 성장하여 현재의 은하가 생성되었다는 생각을 「은하의 중력불안정기원설」 또는 「중력불안정설」이라 부르자.

이 학설은 처음에 가모프가 주장했고(가모프는 나중에 다음에 이야기하는 난류기원설로 전향했다), 현재는 피블스나 제르드비치가 지지한다. 필자들은 이 학설을 지지하지 않는다. 그 이유는 나중에 이야기하기로 하고, 잠시 중력불안정설에 대해 자세히 설명하겠다.

구상성단이 첫 천체인가?

중력불안정에서는 진즈파장보다 긴 파장을 갖는 흔들림만 성장한다는 것을 이야기했다. 우주에서 진즈파장은 어느 정도일까. 팽창우주에서는 진즈파장을 우주팽창 개시 후의 시간과 그때의 음속의 곱으로 나타낸다.

플라스마가 중성화되기 이전의 우주에서 음속이 굉장히 컸던 것은 그 시대에는 기체와 복사가 일체가 되어 운동하고, 큰 복사압력이 음속을 결정하는 식에 들어가기 때문이다. t^* 이전의 우주(즉 빛의 우주)에서 음속은

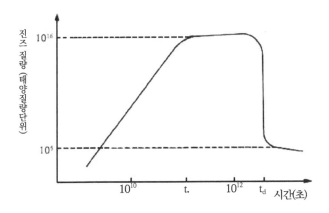

그림 6-4 | 진즈질량의 시간적 변화

광속도 $\sqrt{3}$ 의 1에 달했다. 한편 플라스마가 중성화된 후에는 복사압력이 음속에 영향을 주지 않으므로(기체와 복사는 독립적으로 작용하므로) 음속은 그렇게까지 크지 않다. 즉 진즈파장은 플라스마가 중성화된 때를 경계로 하여 급격히 감소한다.

진즈파장 자체를 다루는 것보다 진즈파장을 반지름으로 하는 구 내부에 포함되는 물질의 질량을 생각하는 편이 편리하다. 길이는 우주팽창과 더불어 변화하는 양인데, 질량은 불변한 양이기 때문이다. 그런 질량을 진즈질량 M_j라 부르자. 진즈질량보다 큰 질량의 흔들림은 자기(自己)중력으로 성장하는데 작은 것은 음파로서 진동할 뿐이다.

진즈질량의 시간적 변화를 〈그림 6-4〉에 나타냈다. 진즈질량은 t_d 이전에는 거의 $10^{16}M_\odot$이었는데, t_d일 때에는 $10^5 M_\odot$으로 감소한다. $10^{16}M$

구상성단

$_\odot$이라는 크기는 천체의 여러 계층의 어느 대표적 질량과도 대응하지 않는다. 한편 $10^5 M_\odot$이 구상성단의 대표적 질량과 대응하는 것은 흥미롭다. 피블스와 디케는 이런 사실로부터 추론하여 구상성단이야말로 첫 천체이며, 은하나 은하 집단은 구상성단이 중력불안정성 때문에 모여서 생성되었다는 이론을 주장했다.

그러나 이 이론에서는 왜 은하의 대표적 질량이 $10^{11} M_\odot$인가는 설명할 수 없다. 또한 이제부터 이야기하는 「흔들림의 산일과정」에 의해 $10^{11} M_\odot$이 잘 들어맞게 되어 이 이론은 매력을 잃었다.

작은 흔들림은 꺼진다

기체 속을 음파가 전파하면 점성과 열전도 때문에 감쇠한다. 보통 기체의 점성과 열전도는 기체운동론으로 해명된 것같이 기체분자의 수송현상(輸送現象)에 따른다. t_d 이전의 우주에 찬 매질은 복사와 플라스마가 혼합한 기체이다. 이러한 복사기체 속의 점성과 열전도는 복사의 수송현상에 의해 생긴다. 복사의 평균자유행정(平均自由行程)은 기체분자보다 크기 때문에 복사기체의 점성과 열전도율이 대단히 크다. 복사기체는 점성이 큰 기체라고 하겠다.

그럼 그 복사기체 속을 음파가 전파해 가면 파장이 짧은 음파부터 먼저 감쇠하여 음파 에너지는 산일(散逸)하여 열 에너지가 된다. 그보다 파장이 짧으면 음파가 산일하는 임계파장 λ_d를 생각한다. 마찬가지로 파장 λ_d 자

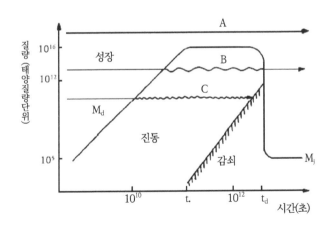

그림 6-5 | 산일질량 M_d의 시간적 변화

체보다 반지름 λ_d의 구 안의 질량을 생각하여 그것을 산일질량 M_d로 한다. 〈그림 6-5〉에 진즈질량 M_J와 산일질량 M_d의 시간 변화를 함께 나타냈다.

가장 주목해야 할 점은 M_d의 t_d에서의 값은 대략 $10^{12}M_\odot$이어서 이것은 큰 타원은하의 질량에 대응한다는 것이다. 이 점을 미국의 실크, 영국의 리스, 그리고 필자들이 주목했다. 우주 초기에 갖가지 파장의 밀도 흔들림이 존재해도 그것이 음파로서 진동하는 과정에서 파장이 짧은 것부터 상쇄되어 버린다. t_d까지 살아남은 것은 질량으로 말해 $10^{12}M_\odot$ 이상의 것이다. $10^{12}M_\odot$이라는 숫자는 그다지 엄밀하게 생각할 필요는 없다. $10^{11}M_\odot$ 정도의 흔들림도 충분히 살아남는다면 은하야말로 첫 천체라고 주장할 수 있겠다.

점성과 열전도에 의한 음파의 산일과정은 전기회로의 저역여파기(로우패스필터)를 닮았다. 파장이 긴 저음만을 통과시켜 파장이 짧은 고음은 차단하기 때문이다. 그러나 여기서 말하는 음파란 그 파장이 은하의 지름만한 것을 말하므로, 물론 사람의 귀에는 들리지 않는다. 은하 이상의 큰 귀를 가진 생물이 아니면 이 음은 들리지 않을 것이다.

중력불안정설의 약점

이러한 중력불안정설은 그럴듯하게 보이지만 두 가지 약점이 있다.

그중 하나는 흔들림의 알에 관한 문제이다. 우주 초기에 10^{-3} 정도의

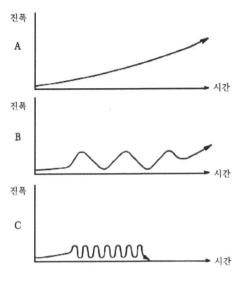

그림 6-6 | 3종의 흔들림의 운명

흔들림이 있으면 중력불안정성으로 은하가 잘 생성된다는 것은 이미 이야기했다. 그러나 초기의 흔들림의 진폭이 10^{-3}보다 너무 작아도 안 되고 커도 안 된다. 너무 작으면 은하가 생성되지 않고, 너무 크면 지나친다. 그러므로 초기 흔들림의 진폭은 꼭 좋은 값이 되어야 한다. 이것은 부자연스럽다.

물론 이에 대해 다음과 같이 반론할 수도 있을 것이다. 「우리 우주에서는 초기 흔들림이 좋은 값을 취했기 때문에 비로소 은하가 생성되었다. 만일 그렇지 않은 값을 취하는 우주가 있었다면 그 우주는 다른 모습이 되었을 것이다.」 그러나 역시 개운치 못하다.

은하 제조기

　두 번째는 은하의 회전이다. 많은 은하 가운데서도 유달리 나사선은하
는 회전한다는 것이 분명하다. 즉 각운동량을 가지고 있다. 그런데 중력
불안정설로 가정된 초기 흔들림은 각운동량을 갖고 있지 않다. 각운동량
이 없는 데서 각운동량이 어떻게 생겼을까. 피블스나 제르드비치는 이 물
음에 대해서 충격파면에서 소용돌이가 발생하여 플러스, 마이너스의 각
운동량이 쌍이 되어 생긴다고 대답했다. 그러나 정량적으로 볼 때 충분히
납득가는 논의가 되지는 못하는 것 같다.

3. 은하의 기원 — 난류설

태초에 소용돌이가 있었다

앞 절에서 이야기한 중력불안정설로는 은하의 각운동량이 잘 설명되지 못한다는 것을 알았다. 그러면 각운동량이 우주의 시작부터 있었다고 생각하면 어떨까. 즉 우주의 시작은 소용돌이가 가득 찼고, 그 원시 소용돌이가 나중에 은하가 되었다고 생각하는 것이다. 이러한 생각을 은하의 난류기원설(亂流起源說)이라 부른다.

우주가 소용돌이로 가득 찼다고 생각하는 것은 새삼 새로운 것은 아니다. 케플러나 데카르트까지 거슬러 올라갈 수 있다. 그들은 행성운동이 우주에 가득 찬 에테르나 프레남의 소용돌이에 의해 일어났다고 생각했다. 이러한 「소용돌이 우주론」은 뉴턴에 의해 부정되었다는 것은 벌써 이야기했다.

그러나 여기서 앞으로 이야기하는 소용돌이는 에테르와 프레남이라는 정체를 모르는 소용돌이는 아니다. 우주에 찬 기체 소용돌이이다.

소용돌이 우주론은 라플라스(1749~1827), 푸앵카레(1854~1912)를 거

나사선은하

쳐 그 후 많은 관측자의 지지를 얻었다. 1895년 버나드는 은하 사진을 보고 다음과 같이 말했다. 「나는 이 별의 거대한 구름(은하)이 대단히 큰 소용돌이로부터 생성되었다는 강한 인상을 가끔 받는다.」 이스튼은 1900년에 쓴 논문에서 「나사선은하는 큰 소용돌이 속의 작은 소용돌이이다」라고 결론지었다. 은하는 회전할 뿐만 아니라 우주공간을 난잡하게 날아다닌다. 또 이것은 난류운동을 연상시킨다(이 책에서는 소용돌이와 난류를 엄밀하게 구별하지 않는다).

　가모프는 처음에 중력불안정설을 주장하다가 리프시츠가 얻은 결과와 자신이 직접 연구한 후 난류설로 주장을 바꿨다. 그리고 다음과 같이 말했다. 「우주 초기에 있어서 난류운동의 존재는, 우주의 관측 가능한 부분에서의 은하의 공간분포에 관한 섀플리와 셰인의 최근의 연구에 강력히 시사되어 있다.」

1940년 바이츠재커는 난류설을 난류 이론에 바탕을 두고 처음으로 정량적으로 연구했다. 그는 원자핵물리학자로서도 유명하고, 제2차 세계대전 중에는 하이젠베르크와 같이 도이칠란트의 원자폭탄 제조계획에 참여한 일도 있었다. 또 바이츠재커는 태양계가 난류상태의 성간운(星間雲)에서 태어났다는 칸트－라플라스설의 근대판을 제창했다. 그 후 난류설은 일본의 세이소에 의해 한층 더 상세히 정량적으로 연구되었다.

난류설의 패퇴와 부활

현재 은하의 회전속도는 대략 초속 200㎞이며 은하가 날아가는 속도도 거의 같다. 우주의 과거를 거슬러 올라가면 이 속도는 점점 커진다. 은하가 생성된 무렵에는 초속 1,000~1만 ㎞로 컸다고 알려져 있다. 기체 속에서 음속은 보통 이보다 훨씬 작다. 그 때문에 우주 초기에 존재한 난류는 초음속으로 운동했다고 할 수 있겠다. 일반적으로 초음속을 가진 난류는 충격파를 일으키고 급속히 에너지를 상실하는 것으로 알려졌다.

결론적으로 설사 우주 초기에 초속 1,000~1만 ㎞의 난류운동이 있었다고 해도 그것은 급속하게 감쇠하여 도저히 은하가 생성되기에 이르지 못한다. 난류설은 매력적이었지만 이러한 반론[1]이 일어나 잊혔다. 그리고

---

1 이 반론은 뉴턴이 데카르트의 「소용돌이」 운동에 대해 한 반론과 아주 비슷한 것이 흥미롭다.

잠시 동안 중력불안정설이 주류가 되었다.

그러나 1965년에 우주흑체복사가 발견되어 뜨거운 우주 모형이 확립되자 사정은 일변했다. 러시아(구소련)의 오제루노이와 체르닌은 다음과 같이 지적했다. 플라스마가 중성화되기 이전의 우주에서는 음속은 극히 커서 설사 초속 1만 ㎞의 난류속도라도 음속보다 작고(즉 아음속이었고) 앞서 이야기한 난관은 해결된다고 했다. 앞서 이야기한 것처럼 이렇게 음속이 큰 것은 우주에 복사가 찼기 때문이다. 우주흑체복사가 발견됨으로써 난류설이 부활했다.

그 후 필자들의 교토대학 그룹, 히로시마대학 그룹, 위도관측소의 사사오 등 일본의 우주론 그룹은 난류설을 확장하고 정밀화했다. 그 뒤 이탈리아의 다라포르테, 미국의 실크, 또 중력불안정설의 피블스가 있는 프린스턴의 존즈 등이 난류설을 연구하고 있다.

어미 소용돌이 위에 새끼 소용돌이를 싣고

여기서 필자들의 견해를 써서 우주 난류로부터 은하가 생성되는 상황을 살펴보자.

우주 초기에, 현재의 관측과 부합되는 정도로 빠르지만 음속보다는 충분히 늦은, 예를 들면 초속 1만 ㎞ 정도의 흩어진 속도 흔들림(여기서 이것을 난류라고 부른다)이 있었다고 가정하자. 여기서는 왜 우주 초기에 난류가 생겼는지 묻지 않기로 한다. 그 문제는 뒤에서 논의하겠다.

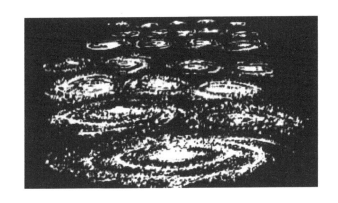

어미 소용돌이 위에 새끼 소용돌이를 싣고

난류란, 예를 들면 여러 가지 크기의 소용돌이가 많이 뒤섞인 물의 소용돌이를 상상하면 된다. 이런 소용돌이는 유체의 비선형성(非線型性) 때문에 대략 1회전 하는 시간 스케일로 작은 소용돌이가 상쇄된다. 작은 소용돌이는 더 작은 소용돌이에 의해 상쇄된다. 이를테면 어미 소용돌이가 새끼 소용돌이를, 새끼 소용돌이는 손자 소용돌이를 만든다. 난류란 어미 소용돌이 위에 새끼 소용돌이가 얹히고, 새끼 소용돌이 위에 손자 소용돌이가 얹힌 복잡한 구조이다.

큰 소용돌이일수록 회전시간이 길기 때문에 상쇄되는데도 긴 시간이 걸린다. 그러므로 너무 큰 소용돌이는 우주가 팽창하는 동안에 1회전도 하지도 못하고 상쇄되지 않는다. 이것을 언 소용돌이라고 부르자. 상쇄되는 소용돌이 중 최대의 것을 최대 소용돌이라고 부르고, 그 크기를 질량 M_1로 〈그림 6-7〉에 나타냈다.

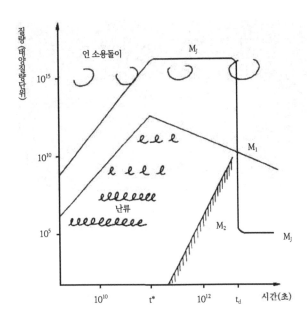

그림 6-7 | 최대 소용돌이와 최소 소용돌이의 질량의 시간적 변화

음파의 경우와 마찬가지로 아주 작은 소용돌이는 점성 때문에 에너지를 상실하여 산일해 버린다. 점성산일하는 한계가 되는 소용돌이를 최소 소용돌이라고 부르고, 그 질량을 M_2로 하여 그림에 나타냈다. M_2의 t_d에서 값이 $10^{12}M_\odot$가 되는 것은 음파의 산일질량 M_d가 t_d에서 $10^{12}M_\odot$이 되는 것과 같은 이유이다.

최대 소용돌이와 최소 소용돌이의 중간 소용돌이는 더 큰 소용돌이로부터 에너지를 얻어 더 작은 소용돌이에 에너지를 줌으로써 준평형상태를 이룩한다고 생각된다. 보통 난류란 이 사이의 소용돌이를 가리킨다.

제트기의 소음과 은하

난류의 속도가 클 때 그 난류는 음파를 방출하는 것으로 알려졌다. 제트 엔진은 굉장한 소음을 내기 때문에 공해의 발생원이 되고 있는데, 그 소음은 바로 이런 메커니즘에서 생긴다. 엔진에서 방출된 분류(噴流)는 주위의 공기와의 속도 차 때문에 소용돌이를 만들고 그것이 난류가 되어 굉음이 발생한다. 영국의 공기역학자 라이트힐은 이 현상을 해명했다. 라이트힐의 이론은 제트기의 소음 외에도 태양의 대기나 여기서 이야기하는 은하의 기원 등 천체물리학에 크게 이용되고 있다.

우주 난류로부터 방출된 음파는 비교적 긴 파장을 갖기 때문에 플라스마가 중성화될 때 t_d까지 살아남는다. 그 후는 중력 불안정 때문에 성장하여 은하 집단 또는 타원은하로 생성된다고 생각하고 있다. 한편 난류 소용돌이 자체도 그것이 점성에 의해 산일하지 않을 정도로 크면 t_d까지 살

제트기의 소음과 은하를 만드는 메커니즘은 닮았다

타원은하

아남고, 그 후는 소용돌이 성운이 된다고 생각된다. 이렇게 생각한다면 나사선은하는 당연히 각운동량을 가진다.

더 자세히 연구된 바에 의하면 난류설에서는 은하질량과 각운동량 사이에 일정한 관계가 예측된다. 이것은 관측자료와 잘 일치한다. 이렇게 은하의 난류기원설은 우주의 계층성, 질량 스펙트럼, 각운동량 등을 정성적이긴 하지만 대략 잘 설명한다. 그러나 더 상세한 연구가 필요하다.

「중력불안정주의」 대 「난류주의」

피블스에 따르면 난류설이 옳은가, 중력불안정설이 옳은가 하는 논쟁은 과학 논쟁이라기보다 주의의 논쟁이라고 한다.

중력불안정성설의 기본적인 가설은 우주의 초기는 조용했고, 거의 균일했으며, 이를테면 정연하고 조화가 잡힌 상태였다는 것이다. 이렇게 조화가 잡힌 우주를 코스모스라고 부르자. 현재의 우주가 난잡한 상태에 있다고 생각하면(이러한 우주를 카오스=혼돈이라 부른다) 중력불안정설은 「코스모스에서 카오스로」 또는 「조화에서 혼돈으로」 치닫는다.

한편 난류설의 기본적 가정은 우주의 초기가 난류상태였다고, 즉 카오스라고 생각한다. 그리고 현재의 우주는 그보다 훨씬 질서정연한 코스모스라고 생각한다. 즉 「카오스에서 코스모스로」 치닫는다.

그러나 난류설에서도 우주는 거시적으로는 우주원리가 충족되며, 근사적으로 프리드만 모형과 같다고 생각한다. 즉 국소적으로만 난류상태라는 것이다.

이러한 생각에 대해 미국의 미스너는 우주의 초기에는 우주 전체가 아무런 질서도 없는 혼돈된 상태였다고 했다. 그는 그 이론에서 믹스마스터 우주 모형을 제출했다(믹스마스터 우주에 대해서는 다음 장에서 설명한다).

피블스는 이 세 가지 이론(그는 주의라고 한다)을 다음과 같이 분류했다.

보수파=중력불안정설

혁신파=난류설

과격파=믹스마스터 우주

그는 스스로 보수파임을 인정하고 다음과 같이 말했다. 「왜 우주의 초기가 조용하고 질서 정연했냐고 물으면 나는 대답하지 못한다. 그래야 한다고 말할 뿐이다. 오히려 혼돈되었다고 생각하는 편이 자연스러운지 모

혼돈된 우주론

르겠다. 그렇다면 우주의 초기가 조용했다는 주장 쪽이 더 근본적이라 하겠다. 그렇게 되면 보수파와 과격파를 바꿔도 이상하지 않다. 혼돈된 것은 우주가 아니고 우주론이다」

은하의 알을 낳은 어미

은하가 중력불안정성 때문에 생성되었는가, 또는 우주난류로부터 생성되었는가. 앞으로 이론이 발전하면 관측자료와 비교해서 결정될 것이다.

그건 그렇다 치고 두 이론 사이의 기본적인 차이는 우주의 초기에 관한 가설에 있다. 「우주의 시작」이라는 말을 곧이곧대로 받아들여, 요컨대 그때 공간도 시간도 물질도 모든 것이 존재하기 시작했다고 생각하면 우주의 초기 상태가 「왜 이러저러한 상태였는가?」 하는 물음에 대답하지 못한다. 다만 「우연히 그렇게 되었다」든가 「하느님이 그런 우주를 창조하셨다」라고 말할 수밖에 없다.

그러나 필자는 우주 초기의 조건도 더 큰 이론, 즉 우주의 시작 전을 문제로 하는 이론으로부터 해명되어야 한다고 생각한다.

「우주의 시작」이라는 말은 다만 「우리의 우주가 팽창을 시작한 시점」이라고 해석해야 한다. 우리의 팽창우주가 생성되기 전에는 수축하는 우주도 있었다고 하면, 이른바 「우주의 시작」은 단지 수축우주가 팽창우주로 전환한 「바운스」에 지나지 않는다. 수축우주 속에서는 밀도 흔들림도 속도 흔들림도 성장한다고 알려졌다. 따라서 「우주의 시작」 때 혼돈한 상태였다는 생각은 가장 자연스럽다고 생각된다. 「우주의 시작」 전을 논하는 것이 다음 장의 주제이다.

7장

초우주 – 현대우주론의 기본적 문제

1. 우주의 특이성과 바운스

신은 우주를 창조하기 전에는 무엇을 하셨는가?

앞 장에서는 우주의 한 모형으로 프리드만 우주를 생각하고, 그 구조와 진화에 관해 이야기했다. 그런데 프리드만 모형에는 중대한 하나의 결점이 있다.

그것은 「우주의 시작」 t=0 시각에 우주의 스케일 a가 0이 되는 것이다. 즉 우주의 모든 것이 이를테면 한 점에 모여 공간의 공률과 물질의 밀도가 무한대가 된다. 이것은 전에 별의 중력붕괴 때 나타난 특이성과 본질적으로 같은 현상이며 우주의 특이성이라 불린다. k가 1인 닫힌 우주 모형에서 특이성은 「우주의 시작」뿐만 아니라 「우주의 종말」에도 나타난다.

닫힌 프리드만 모형은 a가 0이 된 후 다시 팽창하여 진동우주가 된다고 가끔 이야기한다. 그러나 그것은 옳지 않다. 프리드만 모형을 채택하는 한 결코 진동하지 않는다. 한 점에 수축되면 그것으로 끝이 난다. 그것은 마치 구대칭(球對稱)인 별의 중력붕괴와 마찬가지이다. 여러 가지 책에 진동우주에 관한 그림이 나와 있는데 그것은 그랬으면 하는 소망일 뿐이다.

그게
지옥이다!

신은 우주를 창조하기 전에 지옥을 만들고 계셨다

우주가 t=0에서 특이하게 된다는 것은 t가 플러스인 팽창우주와 마이너스인 팽창우주가 잘 연속될 수 없다는 것이다. 즉 t=0에서 홀연히 우주가 출현했다든가, 그때 신이 무에서 우주를 창조하셨다고 말할 수밖에 없다. 그러나 인간의 호기심은 그칠 줄 모르기 때문에 「우주를 창조하시기 전에 신은 무엇을 하셨는가?」하고 묻는 심술쟁이도 있다. 그에 대한 신학상의 답은 「신은 그런 질문을 하는 사람을 위해 지옥을 만들고 계셨다」라는 것이란다.

우주를 튕기는 갖가지 노력

우주에 정말로 특이성이 나타난다고는 인정하기 어렵다. 이론은 거기서 끝나고, 특이성은 모든 것의 원인이며, 첫째 원인으로서의 신과 동등

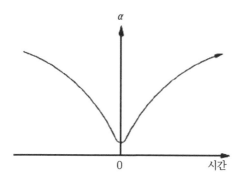

그림 7-1 | 우주의 바운스

하게 되기 때문이다. 과학자로서는 특이성을 이론의 파탄과 그 적용한계라고 생각하고 싶다. 그러므로 이론을 개량하여 특이성을 어떻게든 제거하려고 시도해보는 것은 이유가 있는 것이다.

t가 마이너스인 수축우주가 무슨 메커니즘으로 마치 바닥에 떨어진 고무공이 튕겨 오르는 것처럼, 수축하고 있는 우주가 팽창우주에 자연스럽게 접속하는 것을 우주의 바운스라고 부른다.

우주의 특이성을 제거하고, 바운스를 얻기 위해서 이제까지 갖가지로 연구되어 왔다. 이 문제를 해결하기 위해서는 프리드만 모형에서 왜 특이성이 나타났는가 하는 이유를 먼저 찾을 필요가 있다. 그러기 위해서는 프리드만 모형의 세 가지 기본과정을 다시 상세히 음미해야 한다. 그 기본과정이란 중력이론으로서는 일반상대론을 채택하는 우주의 균일성, 우주의 등방성이다.

등방성을 제외한 이론 중에는 믹스마스터 우주가 있다. 우주의 균일등방성, 즉 우주원리를 제거한 이론 중에는 스웨덴의 클라인과 알펜이 제창한 물질·반물질 우주가 있다. 우주원리는 가정하면서도 일반상대론을 채택하지 않는 이론은 중력이론의 수만큼 있을 수 있다.

2. 믹스마스터 우주

4차원에서 다시 3차원으로

프리드만 우주에 특이성이 나타나는 것이 우주원리 탓이라는 의견은 리프시츠가 강력히 주장했다. 그 옳고 그름을 조사하려면 우주원리를 가정하지 않는 우주 모형을 풀어야 한다. 그러나 아무런 규칙성을 갖지 않는 일반적인 우주 모형을 해석한다는 것은 거의 불가능하다고 볼 수 있다.

그래서 첫 시도로서 균일성은 가정하지만, 등방성은 가정하지 않는 경우를 생각해보자. 이러한 모형 중 하나로 미국의 미스너(1969)와 러시아(구소련)의 베린스키, 하라트니코프, 리프시츠(1970)에 의해 독립적으로 제창된 믹스마스터 우주가 있다. 미스너의 수법이 훨씬 명쾌하므로 여기서는 미스너의 주장에 따라 설명하겠다.

미스너는 일반상대론을 해밀턴 형식으로 고쳐 썼다. 이것을 간단하게 설명하면 다음과 같다. 뉴턴역학에서 시간은 물리현상의 변화를 추구할 때의 기준이며 공간과는 전적으로 다르게 취급된다. 한편 아인슈타인은 상대론에서 시간과 공간을 대등하게 보았다. 해밀턴 형식에서는 이것을 다시 고쳐 시간을 공간구조의 변화를 좇는 기준으로 한다. 이렇게 하면 어느 시각에 구조를 초깃값으로 주면 그 후의 시간적 변화를 추구할 수 있다.

이렇게 해서 중력장방정식을 뉴턴역학과 형식적으로 닮게 만들 수 있다. 이 형식을 해밀턴 형식이라 부르고 중력장을 양자화하려고 할 때 쓰인다.

일그러진 우주

미스너는 해밀턴 형식을 비등방 균일우주의 연구에 적용했다. 비등방 균일우주는 비안키에 의해 연구되어 I형부터 IX형까지 9가지로 분류되었다. 비안키형 IX의 우주가 믹스마스터 우주이며 닫힌 비등방 균일공간이

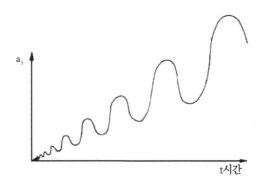

그림 7-2 | 믹스마스터 우주의 한 축 방향의 스케일 팩터 a_1의 시간적 변화. t가 0인 부근에서 a_1은 무한히 진동한다

다. 5장에서 프리드만 우주를 균일한 구로 비유했는데, 믹스마스터 우주는 3축이 부등하고 균일한 타원체로 비유할 수 있다.

믹스마스터 우주의 팽창은 등방적이 아니다. 어느 축 방향은 수축하며 다른 두 축이 팽창한다. 다음 단계에서는 그 반대가 되고······ 하는 복잡한 비등방적 진동을 되풀이하면서 전체로서 부피가 증대해진다.

이러한 우주에서는 프리드만 우주와 달리 지평선이 존재하지 않고 우주 전체가 인과적으로 관련된다. 팽창 도중에 우주가 이른바 길쭉한 막대 같이 될 때도 있고, 그때 장축 방향에서는 그렇지 않지만 단축 방향에서는 빛이 우주를 빙글빙글 몇 번씩 돌 수 있기 때문이다.

미스너가 믹스마스터 우주를 고찰한 이유 중 하나는 현재의 우리 우주의 등방성을 아프리오리(à priori, 선험적)로 가정하지 않고, 물리적 메커니즘으로 비등방우주가 등방우주로 되었다고 설명하고 싶었기 때문이다. 즉 「카오스에서 코스모스」주의자인 것이다.

그는 그 구체적 기구로 중성미자복사에 의한 점성을 생각했다. 우주의

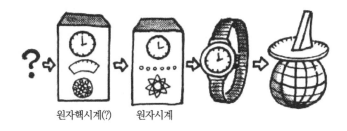

원자핵시계(?)   원자시계

여러 가지 시계

아주 초기에, 즉 중성미자와 물질이 상호작용하는 시기에 중성미자가 우주를 몇 번씩 빙글빙글 돌아 비등방운동을 감쇠시켰다고 생각했다.

그런데 문제의 특이성에 관한 한, 믹스마스터 우주라도 특이성을 피할 수는 없다.

시간은 시계로 잰다

미스너는 여기서 홀연히 다음과 같이 선언했다. 「아무리 해도 우주의 특이성을 제거할 수 없다면 마음을 크게 잡고 특이성과 우리의 물리적 이론이 조화하도록 시간의 개념을 바꾸자. 즉 특이성이 유한한 과거에 생겼다고 생각하기 때문에 우리는 그것을 받아들이기 어렵다고 느낀다. 만일 특이성이 무한한 과거에 생겼다면 받아들여도 된다.」

여기서 시간 개념을 알아보자. 시간은 시계로 잰다. 시계는 진동이라든가 회전 등의 주기운동을 바탕으로 한다. 예를 들면 해시계는 지구의 자전, 손목시계는 템프태엽의 진동, 원자시계는 암모니아분자의 진동을 기준으로 한다. 우주 시간을 재는 데는 어느 시계가 적당할까? 어느 것이든 같다고 생각할지 모르지만 실은 그렇지 않다.

우주의 과거로 거슬러 올라가 생각해보자. 처음에는 해시계라도 괜찮다. 그러나 과거의 어느 시점에서 지구는 없어지므로 해시계는 그 이상 과거의 시간을 재는 데는 쓸모없게 된다. 손목시계도 우주의 물질이 모두 기체가 되는 시점에는 소멸할 것이다. 암모니아 분자도 언제까지 존재하지는 않는다. 우주 온도가 10억 K 이하라면 원자핵시계가 쓸모 있을 것이다. 그런데 1조 K가 되면 원자핵도 존재하지 않으므로 뮤중간자시계라도 써야 한다.

그런데 이 시들계의 특징은 과거로 거슬러 감에 따라 시계의 1주기가 짧아진다는 것이다. 즉 시간의 단위는 우주의 과거일수록 짧다. 이렇게 우주의 과거로 거슬러 올라갈수록 시간 단위가 자꾸 짧아지는 시계로 우주의 시간을 재면 특이성은 무한한 과거에 생겼다고 말할 수 있게 된다(통상의 시간 개념에서는 물론 유한한 과거이지만).

믹스마스터 우주는 특이성에 도달하기까지 무한회(無限回) 진동한다. 그러므로 우주의 진동 자체를 시간의 단위로 재도 특이성은 무한한 과거에 있다고 말할 수 있다. 시각 t=0는 이를테면 온도의 절대 0도와 같은 것이다. 유한한 거리에 있는 것 같지만 실은 결코 도달하지 못할 곳에 있다는 것이다.

기묘한 시계

이 기묘한 시간 개념을 좀 더 알기 쉽게 설명하기 위해 다음 예를 생각해보자. 지금 여기에 2개의 시계 A, B가 있다. A는 보통 시계로서 그 초심은 1분에 1회전한다. 그런데 B는 움직이기 시작하면 처음 1회전은 1분이 걸리는데 다음 1회전은 30초, 다음 1회 전은 15초라는 식으로 1회 돌 때마다 갑자기 2배의 속도가 된다.

A와 B가 동시에 움직이기 시작했다고 하자. 1A분은 1B분인데, 90A초는 2B분이 되고, 105A초는 3B분이 된다. 그리고 2A분은 B시계에서는 무한대가 된다!

우주의 특이성은 A와 같은 시계로 재면 유한한 과거이지만 B와 같은 시계로 재면 무한한 과거가 된다. 우리는 B와 같은 시계를 사용함으로써 특이성과 우리의 심정을 조화시킬 수 있다. 이것이 미스너가 주장하는 이론의 개략이다.

미스너 주장의 옳고 그름은 제쳐 놓더라도 그의 사상은 시간의 개념에 크게 수정을 가했다는 점이 흥미롭다. 시간은 시계 없이는 잴 수 없다. 뉴턴의 절대 시간, 또는 칸트의 선험적 시간의 개념은 상대론에 의해 크게 수정되었으나 아직 상대화가 부족한지도 모르겠다.

우주의 양자화

휠러는 우주가 특이성에 가까워지면, 고전적(古典的)인 일반상대론은 그대로 사용할 수 없고 양자론적 효과가 나타나 특이성에서 벗어날 수 있다고 주장했다. 더 구체적으로 말하면 시공의 양자적 흔들림의 길이(이것을 플랑크의 길이라 부르고 10^{-33}cm 정도)와 우주의 곡률 반지름이 같을 정도가 되는 시각($t \sim 3 \cdot 10^{-44}$초)이 되면 양자론적 효과가 나타난다는 것이다. 그때의 우주 밀도는 $5 \cdot 10^{93}$g/cm³이 된다. 이것은 원자핵의 밀도 10^{14}g/cm³에 비하면 엄청나게 크기 때문에 과연 거기까지 일반상대론이 적용되는가 어편가도 의문이 든다.

그런데 앞에 이야기한 미스너는 해밀턴 형식을 이용하여 믹스마스터 우주의 진동을 양자화하는 데 성공했다. 그리고 진동의 양자수 n은 단열불변(斷熱不變)임을 보였다. 우주가 클 때는 우주의 운동이 고전적이라면 (즉 n이 크다) 우주가 아무리 응축해도 n은 일정하므로 우주의 운동은 계속 고전적일 수 있다. 즉 양자론적 효과가 나타나지 않는다. 이 때문에 휠러가 기대한 대로 되지 않았고, (적어도) 믹스마스터 우주에서는 특이성을 피할 수 없다는 것을 미스너는 증명했다. 이것이 앞에서 이야기한 미스너가 선언한 내용의 배경인 것이다.

미스너가 양자화한 것은 진동운동뿐이었고 팽창운동은 이른바 종파(縱波) 성분 같은 것이었으므로 양자화할 수 없었다. 진동성분은 이를테면 대단히 긴(우주 반지름과 같을 정도) 중력파이므로 그것을 양자화하면 중력자(重力子)가 나온다. 믹스마스터 우주란 프리드만 우주에 그러한 중력자를 채워 넣은 것이다.

중력자는 에너지를 가지고 있으므로 질량도 갖고 서로 끈다. 그런 중력자를 아무리 투입해도 인력이 되기는 해도 반발력은 되지 못하므로 특이성이 나타나는 것도, 이를테면 당연하다고 하겠다.

3. 무수한 「우주」들 — 초우주

메타 갤럭시

프리드만 모형의 기본적 가정으로부터 우주의 등방성을 제거해도 역시 특이성이 나타난다는 것을 알았다. 그러면 균일성의 가정도 제외하면 어떻게 될까. 균일하지 않으면 등방하지 않으므로 균일하지도 않고 등방하지도 않은 우주를 생각해보자.

일반적인 경우를 생각하는 것은 극히 어렵기 때문에 구대칭의 경우를 생각해보자. 즉 우주는 광대하고 무변한 공간에 홀연히 뜬 구상(球狀)의 물질이라고 생각하자. 이를테면 이것은 거대한 별과 같은 것인데 별 속이 우주이다. 이 우주를 메타 갤럭시(銀河宇宙)라고 부르자. 갤럭시(銀河)보다 위의 계층이다.

우주는 별, 은하, 은하 집단이라는 계층으로 성립되었음은 앞에서 이야기했다. 메타 갤럭시라는 개념은 우리 우주 자체도 하나의 계층에 지나지 않는다는 생각에서 나왔다.

우리가 관측하는 범위를 우리의 메타 갤럭시의 내부라고 하면 메타 갤럭시의 질량은 적어도 $10^{22}M_\odot$는 되어야 한다. 즉 은하가 1000억 이상 모인 것이 메타 갤럭시이다. 허블의 관측과 부합시키기 위해 우리의 메타 갤럭시가 팽창하고 있다면 다른 장소에서는 수축하고 있는 메타 갤럭시가 있어도 상관없다.

메타 갤럭시는 닫힌 균일한 프리드만 우주라는 개념보다 훨씬 직관적이어서 이해하기 쉽다. 메타 갤럭시에 대한 개념은 스웨덴의 샤리에의 계층우주론으로부터 유도된 것이다.

스웨덴의 클라인은 수축하고 있는 메타 갤럭시는 아주 작아지면 원자끼리 충돌하여 빛을 발하고 그 복사열로 바운스하지 않을까 생각했다(1958). 그러나 원자 충돌에 의한 발광으로는 불충분하다는 것이 알려졌다.

물질·반물질 우주

1962년 스웨덴의 노벨상 수상자 알펜은 클라인과 함께 물질·반물질 우주론을 제안했다.

처음에 메타 갤럭시는 물질과 반물질이 같은 양이 섞인 대단히 희박한 플라스마구(球)였다. 그 구는 자기 중력으로 수축을 시작하여 점차 밀도가 높아진다. 충분히 밀도가 높아지면 물질과 반물질의 충돌이 빈번해지고 그들은 쌍소멸하여 막대한 에너지를 방출한다. 그 복사압력으로 메타 갤럭시는 수축이 저지되어 팽창으로 전환하지 않을까 생각했다. 즉 현재의 우주팽창 에너지를 물질, 반물질의 쌍소멸로 설명하려 했다.

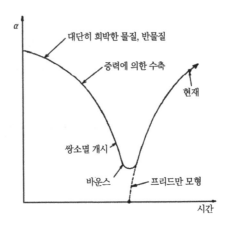

그림 7-3 | 물질·반물질 우주(Alfvén, *Worlds-Antiworlds*에서)

그 모형에서는 특이성이 생기지 않는다고 생각했다. 그들의 제자 보네벨이 뉴턴역학을 사용하여 수치를 계산한 결과 확실히 메타 갤럭시는 바운스하여 특이성이 나타나지 않았다. 그러나 필자들의 연구에 의하면 그것은 뉴턴역학을 사용했기 때문에 그렇게 된 것이었다. 일반상대론을 사용하면 절대 메타 갤럭시는 바운스해서 팽창우주가 되지 않고 특이성이 나타났다!

물질·반물질 우주론은 당초의 의도에 반하여 특이성에서 벗어날 수 없었다. 그러나 그것은 특별히 물질·반물질 우주론의 뚜렷한 결점이 아니다. 그런 점에서는 프리드만 우주도 믹스마스터 우주도 다를 바 없다. 여기서 물질·반물질 우주론을 좀 더 알아보자.

반은하, 반세계?

태양 근방은 물론 우리 은하도, 그리고 이웃 안드로메다 성운도 아마 물질로 구성되어 있을 것이다. 설사 반물질(反物質)로 구성된 은하, 반은하(反銀河)나 반세계(反世界)가 있다고 해도 우리에게서 멀리 떨어져 있을 것이다.

그런데 수축 전의 메타 갤럭시는 물질과 반물질이 균일하게 뒤섞였다고 하면(그렇지 않으면 쌍소멸이 일어나지 않는다) 팽창 도중에서 그들을 분리할 필요가 있다. 이 분리되는 메커니즘은 무엇인가? 알펜과 클라인은 다음과 같이 생각했다. 전기력과 중력의 상승작용으로 물질과 반물질이 분리한다. 그러나 이것만으로는 충분하지 않다.

그러나 한번 물질과 반물질의 작은 덩어리가 생기면, 만일 둘이 충돌해도 이번에는 뒤섞이는 일이 없다. 충돌이 생기는 면에서 쌍소멸이 일어나고 그것으로 발생하는 복사압력이 물질과 반물질의 접근을 방해하기 때문이다.

이와 비슷한 현상은 뜨겁게 가열된 난로 위에 물방울을 떨어뜨린 경우에도 관찰된다. 만일 난로가 충분히 뜨거울 때는 물방울이 증발하지 않고 난로 위에서 춤을 춘다. 물방울과 난로 사이에 증기가 차서 물방울이 난로와 직접 닿지 못하게 방해하기 때문이다. 이것을 라이덴프로스트 현상이라고 부른다(그림 7-4).

물질과 반물질이 한번 분리되면 라이덴프로스트 현상 때문에 재혼합하지 않는다. 물질끼리, 반물질끼리 붙는 것을 막는 힘이 없으므로 물질

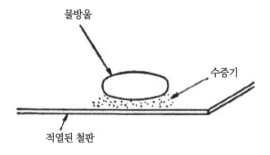

물방울

수증기

적열된 철판

그림 7-4 | 라이덴프로스트 현상

의 덩어리도 반물질의 덩어리도 각각 서로 붙어서 성장한다.

그리하여 맨 먼저 물질과 반물질을 효과적으로 분리하는 방법을 달리 생각할 필요가 있을 것 같다. 옴네스와 넬슨은 적당한 메커니즘을 제안했다.

물질과 반물질은 라이덴프로스트 현상으로 서로 반발하므로 그 에너지로 우주 난류가 발생하지 않았나 하는 생각도 있다.

또 물질·반물질 우주론은 반드시 메타 갤럭시 우주론과 결합하지는 않는다. 프리드만 우주에 물질과 반물질이 대등하게 존재하는 우주론이라 생각해도 된다.

리틀턴 — 본디의 대전우주

앞의 물질·반물질 우주론은 우주의 바운스 에너지를 물질과 반물질의 쌍소멸에서 구하려 했다. 우주의 수축을 바운스시키려면 반발력이 필요하다. 중력은 항상 인력인데, 반발력이라면 곧 전기력이 생각난다. 만일 우주가 전기적으로 중성이 아니고 플러스나 마이너스로 대전(帶電)되었다면 그 반발력에 의해 수축우주가 팽창우주로 전환되지 않을까. 영국의 리틀턴과 본디는 이렇게 생각하여 다른 우주 모형을 만들었다.

보통 양성자와 전자의 전하는 부호가 반대지만 값은 완전히 같다고 한다. 그런데 만일 그 값에 조금이라도 차가 있으면 우주는 전체적으로 대전하게 된다. 전기력에 의한 반발력이 중력에 이기기 위해서는 양성자와 전자의 전하의 차를 양성자의 전하로 나눈 비가 10^{-18}보다 크면 된다. 그런데 세밀한 실험을 통해 그 비는 10^{-21}보다 작다는 것을 알아냈다. 리틀턴과 본디의 의도는 당초 생각한 것과 어긋나버렸다.

무수한 평행세계

그런데 대전우주(帶電宇宙)는 전기력에 의한 반발력이 설령 중력보다 작아도 시공구조 자체의 성질에 의해 바운스한다고 노비코프, 이스라엘, 데 라 크루츠가 지적했다. 대전하지 않은 구상(球狀)의 메타 갤럭시의 외부공간은 슈바르츠실트 풀이로 표시된다. 그리고 중력붕괴해 가는 물질이 한 번 슈바르츠실트면을 가로지르면 두 번 다시 원래의 세계로 되돌아가지 못하고 특이성이 되어 밀도가 무한대가 된다(3장). 이런 상황이 대전된 구인 메타 갤럭시에서는 어떻게 될까?

대전구(帶電球)의 외부시공은 노르드스트룀의 풀이로써 알려졌다. 노

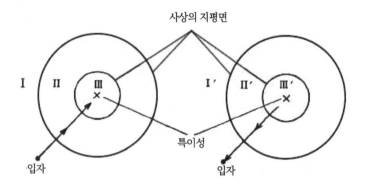

그림 7-5 | 노르드스트룀 풀이의 시공구조

르드스트룀 풀이는 슈바르츠실트 풀이와 비슷하여 사상의 지평을 가지는데 그것이 이중으로 되었다. 2개의 사상의 지평에 의해 공간은 I, II, III의 세 영역으로 나뉜다. I은 외부공간으로서 보통 성질을 갖고 무한히 먼 곳에서 민코프스키 공간에 점차 접근한다. II는 슈바르츠실트면 내부의 공간과 같은 성질을 갖는다. 그 속에서 입자는 결코 정지할 수 없고, 안으로 향하거나 밖으로 향하는 운동을 해야 한다. III는 다시 보통공간을 닮은 성질을 갖는데 유한한 내부공간이다.

입자를 공간 I으로부터 자유낙하시켜 공간 II에 넣으면 그 입자는 공간 I에는 결코 되돌아오지 못한다. 입자는 공간 II에서는 정지할 수 없으므로 낙하하여 공간 III에 들어간다. 공간 III의 내부에 진짜 특이성이 있는데 입자는 특이성이 되지 않고 공간 III에서 바운스 되어 공간 II′를 지나 공간 I′로 나간다.

여기서 주목해야 할 점은 공간 Ⅰ′, Ⅱ′는 공간 Ⅰ, Ⅱ와 같은 성질을 갖지만 전혀 다른 공간이다. 공간 Ⅰ을 우리가 사는 세계라 하면 공간 Ⅰ′는 구조는 비슷하지만 전혀 다른 세계인 평행세계이다. 우리 세계 Ⅰ은 이를테면 대전된 블랙홀을 통하여 다른 세계 Ⅰ′뿐만 아니고 무한한 평행세계 Ⅰ″, Ⅰ‴, …와도 통한다.

대전구를 중력붕괴시켜도 마찬가지 현상이 일어난다. 사상의 지평을 넘어 낙하한 대전구는 이 세계로는 되돌아오지 않고, 다른 세계에 폭발적으로 출현한다. 우리의 우주도 이러한 대전구라고 하면 특이성의 어려움도 피할 수 있고, 우주의 바운스도 일어난다. 다만 현실 속에 있는 우리의 우주가 대전되고 있는가 어떤가는 어쩐지 의문이다.

반중력붕괴

앞에서 이야기한 것은 반드시 대전구에만 한정된 이야기는 아닌 것 같다. 실제 커의 풀이로 표시되는 시공에서도 그 극축(極軸) 부근의 위상적(位相的) 구조는 노르드스트룀의 풀이와 비슷하다(카터, 1966). 도미마츠−사토오 풀이에서는 더 복잡한 구조가 예상된다. 슈바르츠실트 풀이의 경우조차 진짜 특이성이 있는 극히 가까이에서는 보통의 일반상대론이 깨지고(양자효과 등) 먼저와 마찬가지 현상을 일으킬지도 모른다.

만일 그것이 옳다면 중력붕괴하여 우리의 세계로부터 꺼진 물체는 특이성이 되는 것이 아니고 다른 세계에 폭발적으로 나타날지 모른다. 이런

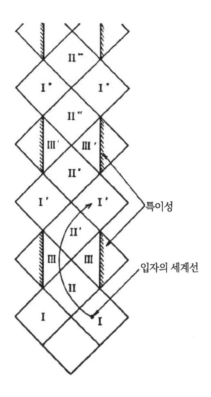

그림 7-6 | 무수한 평행세계, 노르드스트룀 풀이의 해석적 연장. I은 바깥 세계, I과 I′는 블랙홀을 통해 연결되었다. I′에서 II′를 보면 II′는 화이트홀이 된다

현상을 반중력붕괴(反重力崩壞)라 부르고 폭발해서 나오는 구멍을 화이트홀이라고 부른다는 것은 3장에서 이야기했다.

우리 세계에도 다른 세계로부터 「날아들어 온」 별이나 은하가 있을지 모른다. 준성(準星)이나 은하 중심핵의 폭발은 그런 화이트홀인가? 우리의 팽창우주도 다른 세계로부터 뛰어 들어온 메타 갤럭시일까?

거의 닫힌 우주

메타 갤럭시라든지 평행세계라는 형태로 「우주」가 많이 존재할 가능성에 관해 이야기했다. 여기에 또 다른 재미있는 생각이 있다.

물질이 중력으로 모여 하나의 물체를 만들 때 그 물체에는 두 종류의 질량을 생각할 수 있다. 고유질량과 중력질량 두 가지이다. 고유질량은 물체를 구성하는 양성자, 중성자 등의 핵자의 수(핵자수)와 핵자의 질량을 곱한 것으로 정의된다(전자의 질량도 포함하는 것이 옳지만 그다지 차이가 없다).

이를테면 그 물체를 하나하나 해체하여 각 부분마다 질량을 측정하고 나중에 그것들을 더한 질량이다.

한편 중력질량[1]이란 그 물체가 다른 물체에 중력을 미칠 때 고려해야 하는 질량이다. 중력질량을 측정하는 것은 그 주위에 인공위성을 날려 보내 궤도를 해석하면 된다.

고유질량과 중력질량의 차를 질량결손(質量缺損)이라 부른다. 물질이 중력으로 강하게 결합하면 할수록 질량결손은 커진다. 통상의 물체, 예를 들면 태양이라도 질량결손은 대단히 작고, 고유질량과 중력질량의 차가 거의 없다. 그러나 중성자별과 같이 질량 대신에 반지름이 작고, 중력적으로 강하게 결합한 별은 질량결손이 고유질량의 거의 10%나 된다.

만일 질량결손이 고유질량과 완전히 같다면 중력질량은 0이 된다. 닫

---

1 관성질량은 중력질량과 같다.

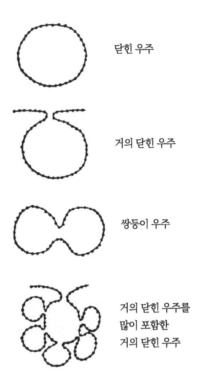

닫힌 우주

거의 닫힌 우주

쌍둥이 우주

거의 닫힌 우주를
많이 포함한
거의 닫힌 우주

그림 7-7 | 거의 닫힌 우주

힌 우주는 그런 예이다. 닫힌 우주의 고유질량은 유한하지만 중력질량은
0이다. 만일 닫힌 우주를 바깥 공간에서 관측한다면 질량이 0인 점밖에
안 될 것이다.

그러나 질량결손과 고유질량은 완전히 같지 않고 근소하게나마 중력
질량이 있으면 그 물체는 원리적으로는 외부로부터 와서 0이 아닌 질량
을 갖는다. 이런 것을 거의 닫힌 물체라 부르자.

우리의 우주 자체도 프리드만의 완전히 닫힌 우주는 아니고, 거의 닫힌 우주일지도 모른다. 그렇게 되면 우리 우주의 어딘가에 바깥 세계로 나가는 출구가 열려 있을지도 모른다. 바깥 세계에서 보면 그 출구는(거의 닫힌 세계로 통하는 입구라고 말해야 할까) 극히 작은 구상(球狀)의 구멍일 것이다.

다른 관점으로 보면 우리 우주 속에도 그러한 거의 닫힌 우주로 통하는 입구가 많이 있을지도 모른다. 일본의 호바시는 두 개의 거의 닫힌 우주가 작은 구멍으로 연결된 쌍둥이 우주 모형을 생각했다.

또 다른 사람은 거의 닫힌 우주로 통하는 입구가 소립자라고 생각했다. 그 소립자 속의 세계가 천국이라면, 천국에 이르는 문은 좁은 문이라 해야겠다. 이 문은 이 이론을 믿는 선인이 아니면 들어갈 수 없겠지만.

삼천세계의 사상

이 절에서는 우주원리를 가정하는 프리드만 모형과 대립되는 우주 모형 몇 가지를 소개했다. 프리드만 모형 또는 만일 그 연장으로서 믹스마스터 모형을 인정한다면 우리는 전 우주에 관한 기본적으로 옳은 지식을 이미 얻었다고 주장해도 된다. 설사 우주가 무한해도 만일 그것이 균일하다면, 즉 저기도 여기도 같다면 여기를 알아보면 저기를 알게 되므로 모든 것을 앉아서 알게 되기 때문이다. 하나를 듣고 무한을 알게 된다고나 해야 할까.

실은 무한이라는 의미에는 두 종류가 있다. 하나는 지금 말한 「하나를 듣고 무한을 안다」라는 종류의 무한인데, 이것은 수학적 귀납법에서 흔히 쓰는 무한이다. 이 무한은 같은 일을 되풀이하는 무한이어서 아무것도 모르는 것이 없는 무한이다.

그에 반해 둘째 무한은 정체를 모른다는 의미에서의 무한이다. 브루노는 무한우주를 논의하면서 이 두 가지 의미에 주목했다. 참으로 뛰어난 생각이다. 수학에서 논의되는 것은 언제나 첫째 의미의 이른바 규칙적인 무한뿐이다. 이 무한은 겁나지 않는다. 근대수학이 손쉽게 다루는 것은 이런 종류의 무한이다.

우리 우주는 첫째 무한에 속하는지는 모르지만, 우주나 자연은 그토록 바닥이 얕지 않다고 생각된다. 역시 둘째 우주와 같지 않을까?

고대 인도에는 「이 세상은 작은 세계가 천이 모여 중천세계(中千世界)가 되고, 중천세계가 천이 모여 대천세계(大千世界)가 되고 이것을 삼천세계(三千世界)라 부른다」라는 사상이 있다. 이것은 자연의 계층성이라든가 복잡성을 말한다고 해석할 수 있을지도 모르겠다.

4. 그 밖의 중력이론에 의한 우주론

브란스-디케 당신도?

여기까지 이야기한 우주 모델은 중력이론으로서는 일반상대론을 사용해 왔는데, 다른 중력이론을 채택하면 어떻게 되는가. 그러한 우주론은 원리적으로는 중력이론의 수만큼 있을 것이다. 그러나 그것에 관해 모두 상세히 연구된 것은 아니다.

브란스-디케, 당신도!

일반상대론의 유력한 적수로 생각되고 있는 브란스-디케의 중력이론을 써도 우주 초기의 특이성은 벗어날 수 없다. 다만 이 이론에서는 중력상수가 시간과 더불어 변화하지만 그에 대해서는 다음 장에서 설명하겠다. 브란스-디케 이론을 믹스마스터 우주에 적용해도 앞에서 설명한 결과는 거의 변함이 없음을 일본의 세이소가 확인했다. 정말 브란스-디케 당신도? 라고 말하고 싶은 심정이다.

호일의 C장이론은 정상우주를 위해 생각해낸 이론이지만, 진화우주에도 적용된다. 그때는 특이성이 생기지 않는 것이 호일에 의해 시사되었다. 그러나 1장 2절에서 이야기한 대로 C장이론은 그다지 신뢰성이 높은 이론은 아니다.

바운스하는 우주를 만들기 위해서는 - 새중력이론

일본의 세이소는 지금까지의 생각과는 반대로 균일우주의 초기에 특이성이 발생하지 않는 중력이론이란 어떤 것인가 생각했다. 그는 다음 세 가지 원칙을 바탕으로 새중력이론을 구했다.

(1) 약한 중력장의 근사로 뉴턴의 중력이론과 일치한다.

(2) 균일우주는 t=0에서 바운스한다. 다만 바운스하는 방식은 전후대칭(前後對稱)이 되어야 한다.

(3) 우주는 팽창하는 데 따라 프리드만 모형에 점진적으로 가까워진다.

이렇게 얻은 세이소의 새중력이론의 기초방정식은 초기하급수(超幾何級數)를 포함하는 극히 복잡하고 난해한 형식을 취했다. 균일우주 모형 외에 구대칭의 질점(質點)의 외부 풀이를 얻었는데 그밖에는 이 방정식을 푸는 것이 거의 불가능하다. 그러므로 이 이론이 옳은가 어떤가 판정하는 것은 현재로는 매우 어렵다.

〈표 14〉 중력이론의 적용성

대상	별, 은하	중성자별 우리 우주	특이성 초우주
적용되는 이론	뉴턴의 중력이론	일반상대론	X이론 (세이소 이론?)

세이소 이론은 길이 차원을 갖는 새로운 상수를 포함하고 있고, 그것이 0의 극한에서 일반상대론과 일치한다. 뉴턴의 중력이론이 일반상대론의 극한인 것처럼 일반상대론도 세이소 이론의 극한이다(일반상대론은 브란스-디케 이론의 극한이기도 하다).

뉴턴의 중력이론이 태양계의 운동이나 은하의 운동을 해명하는 데 적합하고, 일반상대론이 우리 우주나 중성자별의 해명에 적합한 것처럼 세이소 이론은 초우주나 특이성 부근을 해명하는 데 적합할지도 모르겠다. 세이소 이론의 옳고 그름은 제쳐 놓고 초우주나 특이점 부근을 해명하는 데는 일반상대론보다 더 일반적인 중력이론이 요청되는지도 모르겠다. 그런 관계를 〈표 14〉에 나타냈다.

8장

마흐원리와 물리법칙의 상대화

1. 공간이란 무엇인가? ― 절대공간과 상대공간

고대로부터의 두 논쟁

4장의 우주론의 역사에서 고대로부터 논쟁의 표적이 되어 온 두 가지 문제를 간단히 소개하겠다. 그중 하나는 우주는 유한한가 무한한가 하는 문제이다. 더 적절하게 말하면 우주에 중심이 있는가, 아니면 우주는 균일한가 하는 논쟁이다. 앞의 계열은 아리스토텔레스, 프톨레마이오스, 코페르니쿠스, 티코 브라헤, 케플러, 샤리에, 클라인, 알펜이다. 나중 계열은 아리스타르코스, 브루노, 데카르트, 뉴턴, 칸트, 아인슈타인, 프리드만, 미스너이다.

또 하나의 논쟁은 진공은 있는가 없는가, 즉 진공설과 충만설의 논쟁이다. 진공설이란 공간 자체의 존재를 인정하는 입장이며, 충만설은 공간은 물질에 의해 규정된다는 입장이다. 그러다가 나중에 와서는 절대공간은 존재하는가, 상대공간만 존재하는가 하는 논쟁이 되었다. 진공설(절대공간설)의 계보는 데모크리토스, 루크레티우스, 뉴턴, 싱이다. 한편 충만설(상대공간설) 쪽은 아리스토텔레스, 브루노, 케플러, 데카르트, 버클리,

마흐, 아인슈타인, 휠러, 디케 등일 것이다.

첫째 논쟁에서는 현재 균일우주론이 우세하지만 장래의 보증은 없다고 이야기했다. 이러한 논쟁은 가히 나선형으로 진보해간다. 즉 시대에 따라 한편이 이겼다가, 다른 편이 이겼다 하지만 논쟁의 내용 자체는 변질되고 고도화해 간다. 그러므로 균일한 유한우주와 같은 개념도 나온다.

이 장에서는 두 번째 논쟁의 역사와 현대의 상황을 이야기하겠다.

공간이 있는가?

공간이란 무엇인가? 이것은 상당히 어려운 문제이다. 원자론자 데모크리토스는 아무것도 없는 공간, 즉 진공의 존재를 생각했다. 그리고 그 속에서 원자가 이합집산함으로써 세계의 움직임을 설명하려 했다. 한편

「공간은 존재하지 않는다」, 「존재하는 것은 물질뿐이다」 ─ 데카르트

아리스토텔레스는 진공의 존재를 부정하고 매질로 가득 찬 유한우주를 생각했다. 그에 따르면 공간은 물질에 의해 규정되고 있다.

그런 점은 케플러가 강력히 재차 주장했다. 케플러는 저서 『코페르니쿠스 천문학 요론』에서 다음과 같이 말했다.

「공허한 공간, 즉 허무한 것, 존재하지도 않고 창조되지도 않는 것…… 이 공허한 공간이 현실적으로 존재하지 않는 것은 명백하다. **공간이 존재한다는 것이 그 속에 위치하는 여러 물질에 의해서라면** 공간은 현실적으로 무한이 아닐 것이다. 왜냐하면…… 물체의 개수는 무한일 수 없기…… 때문이다.」[1]

이렇게 해서 케플러는 브루노와는 달리 상대공간론자이면서 유한우주론자였다.

데카르트는 더 나아가 공간 자체의 존재를 부정했다. 「공허는 단지 물리적으로 불가능할 뿐만 아니라 실로 본질적으로도 불가능하다.」 데카르트는 공간과 공간에 「충만하는 물질」과는 구별되는 실제가 존재하는 것을 부정했다. 「물질과 공간은 동일물이며, 단지 추상적으로만 구별된다. 물체는 **공간 속에** 있지 않고 다른 물체 사이에 있을 뿐이다」라고.

---

1 『닫힌 세계에서 무한우주로』(코이레 지음)에서 인용했다.

뉴턴의 절대공간

뉴턴은 데카르트의 생각과 달리 공간은 진공이며, 중력은 원격작용으로 전달된다고 하는 중력이론을 세웠다. 그리고 뉴턴역학은 크게 성공했다.

이 뉴턴역학의 기초가 된 것이 절대공간이다. 절대공간이란 「그 자체의 본성이 외계의 사물과는 아무런 관계도 없고, 항상 유사적이며 또한 부동한」 공간이었다. 그러므로 지구와 관련해 정지하고 있는 공간은 상대공간이지 절대공간이 아니다.

그러나 어떻게 절대공간을 결정하는가. 태양에 대하여 정지하고 있는 공간은 절대공간인가? 아니 태양은 은하 주위를 돈다. 은하 중심에 대해 정지하고 있는 공간은? 아니 은하도 고속으로 난다. 그럼 더 먼 은하에 대

절대공간은 어디에?

해서는? 아니, 무엇에 대해 정지하고 있다는 것 자체가 상대공간이 아닌가. 주위의 물체에 **상대**하는 위치나 운동을 생각하지 않아도 절대공간과 절대운동은 인식할 수 있는가?

버클리 대주교의 의의신청

뉴턴과 같은 시대의 영국의 철학자 버클리 대주교는 절대공간의 개념을 강력히 반대했다. 그는 다음과 같이 말했다. 「만일 모든 장소가 상대적이라면 모든 운동도 상대적이다. 운동은 그 방향을 정하지 않으면 결정되지 않는데, 방향은 우리 또는 무슨 다른 물체와 상대적인 관계가 없으면 결정되지 않는다. 상하좌우, 모든 방향과 장소는 상대적 관계에 의해 결정되므로 운동물체 이외의 다른 물체의 존재를 가정할 필요가 있다」(시아머, 『우주의 통일』에서) 그에게 운동은 모두 상대적이었다. 그러므로 그 밖에 아무것도 없는 진공 속에서 단지 하나의 물체가 「회전한다」는 것은 의미가 없었다. 회전하는지 않는지 결정할 수 없었기 때문이다.

뉴턴의 양동이

그러나 뉴턴식의 생각에서는 물체가 회전하는지 어떤지는 절대적 의미를 갖는다. 절대공간에 대해 회전하면 그것은 회전하고 있는 것이다. 그러면 다른 물체의 존재를 보지 않고 어떻게 회전을 확인하는가?

뉴턴은 다음과 같은 사고실험을 제창했다. 물이 든 양동이를 생각해보자. 양동이가 돌면 원심력 때문에 수면이 오므라드는데, 돌지 않으면 오므라들지 않는다. 양동이가 다른 물체, 예를 들면 먼 별에 대해 회전하는가 어떤가 보지 않아도 회전은 「절대적」으로 알 수 있을 것이다. 즉 원심력이나 코리올리힘과 같은 겉보기의 힘(이것을 관성력이라 부른다)이 나타나는지 나타나지 않는지 하는 것이 회전이 있는지 없는지의 열쇠가 된다는 것이다.

일반적으로 가속도운동을 하는 계(회전계도 그중의 하나)에서는 관성력이 나타난다. 관성력이 나타나지 않는 계를 관성계라고 부른다. 이렇게 관성계와 그렇지 않은 계는 확실히 다르다. 그러므로 공간이나 운동이 완

내가 도는가, 우주가 도는가?

전히 상대적일 수는 없다. 뉴턴은 이렇게 생각했다.

그러나 유감스럽게도 뉴턴은 관성계는 결정했으나 진짜 절대공간은 결정하지 못했다. 어느 관성계에 대해 등속도 직선운동을 하는 계(갈릴레오 변환한 계)도 관성계이며, 어느 관성계가 우선하는 이유도 없기 때문이었다. 절대공간을 결정하는 데는 역시 절대공간에 대해 정지하고 있는 매질, 예를 들면 에테르의 존재를 가정할 필요가 있었기 때문이다.

실제 뉴턴은 케플러나 데카르트와 같은 전 우주에 찬 에테르가 아닌 에테르의 존재를 생각했다. 그러나 뉴턴의 에테르는 극히 성글고 또한 입자적인 것이었다.

에테르를 가정하지 않으면 절대공간이 결정되지 않는다 해도 관성계와 비관성계는 분명히 다르기 때문에 모든 위치나 운동은 상대적이라고 하는 상대공간의 이론은 뉴턴의 사상과 날카롭게 대립한다.

마흐의 거대한 양동이

마흐는 버클리의 입장을 밀고 나갔다. 그렇다면 뉴턴의 양동이로 한 실험을 상대공간밖에 없다고 하는 입장에서는 어떻게 설명하는가? 회전하는 양동이의 수면이 관성력에 의해 오므라드는 것은 엄연한 사실이다.

마흐는 관성력이 양동이가 절대공간에서 돌았기 때문에 발생한 것이 아니고 우주의 물질이 회전하는 양동이에 어떤 작용을 미친 결과 발생했다고 생각했다. 마흐식으로 말하면 양동이가 회전하는 것과 양동이를 정

뉴턴의 양동이와 마흐의 거대한 양동이

지시키고 우주를 양동이 주위에서 역회전시키는 것은 동등하다. 이때 우주는 가속도운동을 하므로 양동이 내의 공간에 어떤 중력적 영향을 미쳐 관성력이 발생했다고 생각했다.

바꿔 말하면 양동이가 회전하는지 어떤지는 절대적인 뜻을 갖지 못한다. 우주에 상대적으로 회전하는지 어떤지에 따라 결정된다. 즉 우주에 대한 정지계가 관성계이다.

그러므로 만일 양동이의 질량이 전 우주 정도로 거대해지면 양동이가 회전해도 수면은 오므라들지 않을 것이다. 양동이 자체가 우주와 바꿔치기 되기 때문이다. 이때 양동이에 상대적으로 정지된 계가 관성계가 된다. 이런 이론을 마흐원리라고 부른다.

아인슈타인 내의 마흐

아인슈타인은 자신이 마흐의 이론에 크게 영향받았다고 자주 이야기했다. 그는 중력이론을 생각하는 데 있어 그것이 마흐원리를 포함하도록 방정식을 세웠다. 아인슈타인이 그의 중력이론을 일반「상대」론이라 부른 것은 이 때문이다.

아인슈타인은 마흐원리가 옳다면 다음 세 가지 효과가 일반상대론에 나타날 것이라고 생각했다.

(a) 두 물체가 있고 그중 하나가 가속되면 다른 하나는 같은 방향의 가속도를 받는다.

(b) 구껍질이 회전하면 그 내부공간에 원심력과 코리올리힘이 발생한다.

(c) 어느 물체의 근방에 질량이 가까이 가면 물체의 관성질량은 증가한다.

(b)는 바로 마흐의 양동이 이론을 나타내는 효과이다. 세밀한 연구에 따르면 일반상대론은 (a), (b)의 효과를 포함하지만 (c)는 포함하지 않는다는 것을 알았다. 그런 뜻에서 일반상대론은 마흐의 원리를 완전하게 충족하지 못한다.

시아머 모형

영국의 시아머는 마흐원리의 간단한 모형을 제창했다.

작은 물체가 태양에 낙하하는 현상을 생각해보자. 물체의 관성질량을 m_i, 중력질량을 m_g, 태양이 물체에 미치는 중력을 F_g, 물체의 가속도를 a 라 하면 물체의 운동방정식은

$$m_i a = F_g$$

이다. 마흐원리에 따르면 물체가 태양에 낙하하는 것은 물체가 정지하고 태양과 우주가 반대 방향으로 가속도운동하는 것과 동등하다. 물체가 정지하기 위해서는 태양에 의한 중력 F_g와 우주가 물체에 미치는 관성력 F_i 가 평형될 필요가 있다.

$$F_i = F_g$$

시아머에 의하면 관성력 F_i의 크기는

$$F_i = \frac{G m_g M_u a}{(R_u c^2)}$$

이다. 여기서 M_u, R_u는 각각 우주의 질량과 반지름이다.

이상 세 식에서 F_i, F_g를 소거하면

$$m_i = \frac{m_g G M_u}{(R_u c^2)}$$

이다. 이 식의 의미는 여러 가지이다. 먼저 관성질량 m_i가 우주의 질량, 반지름으로 결정된다고 생각된다. 이것은 마흐원리의 한 표현이다.

그러나

$$G = \left(\frac{m_i}{m_g} \right) \left(\frac{R_u c^2}{M_u} \right)$$

라고 적고 m_i와 m_g는 항상 같다고 생각하면 중력상수 G는 우주구조로 결정된다고 해도 된다. m_i와 m_g가 같을 때, 우주는 항상

$$\frac{GM_u}{R_u c^2} = 1$$

의 관계를 충족한다는 관점도 성립한다. 즉 우주의 반지름은 항상 슈바르츠실트 반지름 정도이다.

이 세 해석은 모두 마흐원리의 다른 관점에 지나지 않는다.

마흐의 여러 가지 얼굴

마흐원리도 여러 가지로 나타낼 수 있다는 것을 알아보았다. 여기서 그와 더불어 확장시킨 마흐원리를 알아보자.

(1) 뉴턴역학이 성립하는 계(관성계)는 먼 별에 대해(우주에 대해) 회전하지 않는다.

(2) 시공구조는 우주의 물질분포로 결정된다.

(3) 물질이 존재하지 않으면 시공은 정의되지 않는다.

(3)′ 물질이 존재하지 않으면 시공은 민코프스키 공간이다.

(4) 관성질량은 우주의 물질분포로 결정된다.

(5) 국소적 법칙은 우주구조로부터 결정된다.

(1)은 버클리나 마흐의 원래의 이론을 나타낸 것이다. 절대공간의 입장에서 시공은 우주의 물질분포와 관계없이 결정되는데 (2), (3)을 뜻하는 마흐원리는 그와 반대이다. (3)은 데카르트의 생각과도 닮았다. 그런데 중력

마흐의 여러 가지 얼굴

장방정식을 물질이 존재하지 않는다고 하면 민코프스키 공간 풀이가 된다는 것을 곧 알게 된다. 그래서 (3)′은 (3)의 제한을 풀고 물질이 존재하지 않을 때는 민코프스키 공간에 한정된다고 한 것이다. (4)는 앞서 이야기한 대로이다. (5)는 마흐의 생각을 더 일반적으로 확장한 것으로 국소적인 물리법칙이나 물리상수 등은 우주의 구조로부터 결정된다는 장대한 구상이다.

반마흐 시공

아인슈타인은 마흐원리를 지도원리의 하나로 하여 일반상대론을 세웠다. 그러나 완성된 중력장방정식을 풀어보니 마흐원리에 맞지 않는 답도 나왔다.

예를 들면 균일하고 정상적이라는 가정 아래 아인슈타인은 그의 정적 (靜的) 우주 모형을 만들었다. 그러나 게델은 같은 조건 아래서 다른 답인 게델의 회전 우주 모형을 만들었다(1949). 게델 우주에서는 관성계가 먼 별에 대해 회전한다! 이것은 확실히 마흐원리 1과 모순된다. 중력장방정식을 같은 물질분포 아래서 풀었을 때, 한편에서는 마흐원리를 충족시키는 풀이(아인슈타인의 정적 우주)가 나오고, 다른 한편에서는 충족시키지 못하는 풀이(게델 우주)를 얻었다는 것은 마흐원리 (2)가 성립되지 않는다는 것이 된다. 중력장방정식은 미분방정식이므로 물질분포만으로는 답은 일의적(一意的)으로는 성립되지 않고 경계조건이 중요한 역할을 다한다.

(3)은 아인슈타인이 고집한 생각인데 일반상대론에서는 성립되지 않는다. (3)′에 대해서는 오즈버스와 슈킹이 물질이 전혀 없는 경우에 민코프스키 공간과 다른 휜 시공을 얻었으므로 성립하지 않는다. 이 시공을 그들은 반(反)마흐 시공이라 불렀다. 반마흐 시공은 물질이 존재하지 않지

원인이 결과를 낳고, 결과가 원인을 낳는다

만 시공의 일그러짐과 중력파가 찬 세계이다.

실은 믹스마스터 우주도 반마흐 시공의 예가 된다. 믹스마스터 우주에서는 물질이 존재하든 안 하든 우주의 운동에 본질적인 차이가 없다. 대체 물질이 전혀 없는 공간이 닫혀 진동한다는 것은 무슨 이유일까. 믹스마스터 우주의 진동은 대단히 파장이 긴 중력파라고 생각할 수 있다. 중력파는 에너지를 갖고 있으므로 질량도 갖고 있다. 그(겉보기) 질량이 우주를 닫게 하고, 진동의 원인이 되고 있다. 이러한 현상은 비선형(非線型)방정식에 특유한 자기여기기구(自己勵起機構)이다. 즉 원인이 결과를 낳고 결과가 원인의 원인이 된다. 참 까다롭다!

일반상대론은 (4)의 뜻에서도 마흐원리를 충족하지 못한다. 마흐원리가 옳다면 물질의 관성질량은 은하 중심 방향과 그에 직각인 방향과는 다를 것이다. 그러나 세밀한 실험에 의해 그 차는 10^{-22} 이하임이 알려져 실험적으로도 부정되었다.

싱의 4차원 절대시공

지금까지 이야기한 예로도 알 수 있듯이 일반상대론과 마흐원리는 같지 않다. 그러면 마흐원리는 옳지 않고 절대공간은 존재하는가? 또 마흐원리가 옳고 일반상대론이 잘못인가? 또는 무슨 방법으로든 일반상대론과 마흐원리는 양립되는가? 현재로서는 결론이 나지 않는다. 세 가지 생각이 대립된다. 그럼 대표적인 의견을 들어보자.

아일랜드의 대표적인 상대론학자 싱은 첫째 입장을 취한다. 상대론이라든가 마흐원리는 아인슈타인이 중력이론을 세울 때는 지도원리가 되었다. 그러나 일단 원리가 완성되자 누가 어떤 구체적인 생각을 가지고 이론을 만들었는지는 중요하지 않고 완성된 이론은 독립적이다.

「……시공의 기하학적인 관점은 민코프스키가 완성했다. 그는 '절대(시공)'에 바탕을 둔 이론을 설명하는 데 '상대론'이라는 말을 쓰는 것은 반대했다. 만일 그가 일반상대론이 수립될 때까지 살았다면 더 강력히 그 말에 저항했으리라 생각된다. 그러나 우리는 이름에 구애받을 필요는 없다. '상대론'이라는 이름은 제1의적으로는 아인슈타인의 이론을 의미하며, 제2의적으로는 그것이 원래 뜻하던 그 알쏭달쏭한 철학을 뜻하는 데 지나지 않는다. ……」(싱, 『상대론, 그 일반이론』에서)

싱의 관점으로 일반상대론은 절대공간의 기하학을 설명한다. 뉴턴의 절대공간은 3차원의 유클리드 공간이었지만, 싱의 그것은 4차원의 리만 공간이다. 4차원 절대 시공은 위치를 나타내기 위해 에테르와 같은 매질로 채울 필요조차 없다.

이론을 수립한 사람이 품은 구체적인 생각과 완성된 이론이 모순되는 일은 흔히 있다. 예를 들면 맥스웰은 전자기장의 방정식을 만들 때는 공간이 톱니바퀴나 빈 바퀴로 가득 찼다는 생각을 했다. 그러나 그런 것은 존재하지 않는다. 그럼에도 불구하고 방정식은 옳다.

마흐주의자 디케의 이론

디케는 마흐원리의 신봉자이다. 그는 일반상대론이 마흐원리를 충족하지 못하므로 불만이었다. 그래서 그는 중력이론을 마흐원리를 포함하도록 개변할 것을 제안했다. 이것이 브란스와 디케의 스칼라-텐서 이론이었다.

일반상대론은 시공을 설명하는 양으로서 4차원의 2계 텐서 g_{ij}를 생각한다. 이 g_{ij}와 물질분포를 관계 짓는 식이 아인슈타인의 중력장방정식이다.

디케는 시공을 설명하는 양으로서 g_{ij}와 더불어 어떤 스칼라 양 ø을 도입했다. 이 ø는 어떤 방정식을 통해 물질분포로부터 결정된다. ø의 물리적 의미는 그 역수가 중력「상수」 G라는 것이다. ø는 변수이므로 브란스-디케의 이론에서 중력「상수」는 이제 상수가 아니고 장소나 시간에 따라 달라도 된다. 즉 중력「상수」가 우주의 물질분포로 결정되는 것이다 (중력상수를 진짜 상수로 하고 싶으면, 그때는 관성질량이 우주의 물질분포로 결정된다고 바꿔 말해도 된다). 이런 의미에서는 브란스-디케의 이론은 마흐원리를 충족한다.

디케는 일반상대론이 마흐원리를 충족하지 않는 예로 슈바르츠실트 풀이에 화살을 돌렸다. 슈바르츠실트 풀이는 무한히 먼 곳에서는 평탄한 민코프스키 공간으로 점차 가까워진다. 디케는 이것이 불만이었다. 왜냐하면 민코프스키 공간은 관성공간이다. 전 공간에 단지 하나밖에 물체가 없을 때 그 물체가 무한의 전 공간의 관성적 성질을 결정짓는 것은 마흐

이 이상 공간이 없으므로, 통행 금지

원리에 위배된다. 물체로부터 멀어지면 멀어질수록 물체의 영향은 작아질 것이기 때문이다. 마흐원리에 따르면, 물체에서 멀리 떨어진 곳에는 공간이 존재해서는 안 된다.

브란스－디케의 이론에서는 바로 그렇게 되어 있다고 그는 말했다. 무한히 멀리에서 ø가 0, 또는 G가 무한대가 되는 경계조건을 잡으면 된다. G가 무한대가 된다는 것은 그 물체로부터 멀어지려는 시험물체에 강한 중력이 작용하고 시험물체는 중심물체로부터 그다지 멀어질 수 없다는 것인데, 이것은 중심물체로부터 떨어진 곳에서는 공간이 존재하지 않는다는 것과 동등하기 때문이다.

물론 이 논의는 가상적인 것이다. 이 우주에는 물질이 어디에나 있으므로 공간도 어디에든 존재한다.

필요 없는 풀이는 버린다 – 휠러의 선택원리

미국에서 상대론의 권위자인 휠러는 일반상대론과 마흐원리를 언제나 조화시킬 것을 생각했다. 디케의 논의에서 본 것같이, 이를테면 순수한 슈바르츠실트 풀이는 마흐원리를 충족시키지 못한다. 휠러는 일반상대론의 풀이 속에서 마흐원리에 맞지 않는 풀이는 버리고, 맞는 풀이만 채용할 것을 제안했다. 이것을 선택원리라고 부른다. 여러 가지 세밀한 논의가 있겠지만 별로 흥미롭지 않으므로 더 논의하지 않겠다.

만일 상대론학자의 「소리 없는 소리」를 들어보면 대다수의 학자들은 복잡한 브란스 – 디케의 이론보다는 단순한 일반상대론을 취할 것이다. 일반상대론은 단순한 형식을 갖지만 그 후에 나타난 수많은 복잡한 아류(亞流) 이론과의 싸움에서 살아남을 만한 관록을 가진 것이다.

2. 국소적 법칙은 우주구조로 결정되는가?

우주 최대의 수

에딩턴은 우주를 설명하는 거시적인 양과 소립자를 설명하는 미시적인 양 사이에 기묘한 관계가 있다는 것을 알아차렸다.

예를 들면 우주의 반지름(우주의 지평선까지의 거리)과 고전적인 전자 반지름의 비를 생각하면 이 무차원수는 대략 10^{40}이라는 거대한 수가 된다. 그런데 양성자와 전자 간에 작용하는 전기력과 중력의 비도 대략 10^{40}이 된다. 그리고 우주의 지평선 내의 양성자의 총수의 제곱근 또한 10^{40}이 된다. 식으로 쓰면

$$\frac{\text{우주의 반지름}}{\text{전자반지름}} \sim \frac{\text{전기력}}{\text{중력}} \sim \sqrt{\text{우주의 양성자수}} \sim 10^{40}$$

이다. 엄밀한 수치는 반드시 일치하지는 않지만 우주의 반지름이라든가 질량을 정하는 데도 정확성이 없으므로 무시해도 된다. 이 기묘한 수의 일치는 단순한 우연일까? 그렇지 않으면 깊은 뜻이 있는가?

「상수」는 정말 상수인가?

양자역학자로서 유명한 디랙은 이 거대한 수의 일치는 우연이 아닐 것이라고 생각했다(1938). 우주의 반지름은 시간과 더불어 증대한다. 한편 전자 반지름이라든가 전기력은 미시적인 양이므로 변화하지 않는다고 생각된다. 그러면 중력「상수」는 시간과 더불어 변화해야 한다. 앞의 식으로 계산하면 중력「상수」는 시간과 반비례하게 된다.

이렇게 중력「상수」가 시간적으로 변화하면 우주진화론에 크게 영향을 미치지 않을 수 없다. 포코더와 M. 슈바르츠실트는 디랙의 이론을 태양진화에 적용했다. 디랙의 이론을 채택하면 태양이 태어난 당시의 중력「상수」는 현재의 값보다 상당히 컸을 것이다. 그 큰 중력「상수」를 바탕으로 태양의 내부구조를 연구하면 태양의 광도는 태어난 당시는 현재보다 훨씬 커야 한다. 그렇게 되면 핵연료를 다량으로 소비하므로 태양은 벌써

중력상수는 변화한다

타버렸을 것이다. 그러나 태양은 현재도 빛나고 있으므로 디랙이 말하는 관계는 성립하지 않는다. 그러나 중력「상수」의 변화가 더 완만한 것이라면 그 반론도 성립되지 않을지 모른다. 우주의 연령이 그들이 가정한 것보다 훨씬 길다든가 브란스-디케의 이론 등이 그에 해당한다.

연구자 중에는 중력「상수」가 변화한다고 굳게 믿는 사람도 있다(웨슨). 중력「상수」가 감소한 결과 지구는 태어났을 당시의 반지름의 2배나 팽창했다고 그는 주장한다. 그에 따르면 지구판구조론(플레이트 테크토닉스)에 의한 대륙이동설은 전적으로 난센스이며, 해양이란 지구팽창에 의해 대륙이 갈라진 것에 지나지 않는다. 이 결말은 지구물리학에서 내야 한다.

가모프의 마지막 연구

중력「상수」의 변화만 논의해 왔지만 다른 「상수」가 변화하지 말라는 이유는 없다. 가모프는 양성자나 전자의 전하(電荷)의 변화를 논의했다(1967). 이것은 가모프의 마지막 연구였다.

전하의 변화는 중력「상수」의 변화보다 영향이 몹시 크다. 전하의 크기는 원자나 원자핵구조에 관계하기 때문이다. 옛날 전하가 지금과 다르다고 하면 옛날 원자나 원자핵의 성질은 지금과 다르게 된다. 이것은 먼 천체, 예를 들면 준성 등의 빛을 조사하면(그것은 옛날에 나온 빛이므로) 곧 알게된다. 그러나 세밀한 관측결과 가모프의 가설은 부정되었다. 유감스럽게도 가모프의 마지막 발상은 어긋나버렸다.

요약하면 현재까지의 관측이나 실험결과로부터는 물리상수가 변화할 적극적 이유는 아무것도 찾지 못했다.

그래도 마흐원리는 옳은가?

지금까지의 논의는 마흐원리에 대한 부정적 측면을 많이 보아왔다. 그런데도 왜 마흐원리에 구애받는 연구자가 많을까? 그것은 마흐원리가 매력적이기 때문이다.

버클리 방식의 공간의 상대성은 제쳐 놓더라도 마흐원리의 확장인 마흐원리 5는 매력적이다. 즉 국소적(미시적) 법칙은 우주구조로부터 결정된다는 생각이다.

무한계층 철학

마흐원리에서 관성질량은 우주구조로부터 결정된다고 생각했다. 한편 소립자론 등에서 관성질량은 장의 자기(自己) 에너지로 결정된다고 했다. 그러나 장의 자기 에너지만으로 관성질량을 모두 설명할 수 있는가 하는 의문도 생긴다. 그것으로 결정되지 않는 벌거벗은(자기 에너지를 제외한) 질량이 있다면 그것을 어떻게 결정하는가?

또 보통 물리이론에서 물리상수는 바로 상수라고 생각한다. 그러면 이들 상수는 왜 특정한 값을 취하는가? 왜 광속도는 초속 30만 ㎞이고, 10만 ㎞이면 안 되는가? 현재의 물리이론은 이 질문에 대답하지 못한다. 이 질문에 대한 하나의 해결 방향을 시사하는 것이 마흐원리이다.

무한계층철학과 자기완결철학

이렇게 사물을 따져 생각할 때의 이론으로는 사카다의 무한계층론이 다른 해결 방향을 제시한다. 사카다에 따르면 우리 세계는 계층구조를 이룬다. 우리는 이것을 우주의 경우에서 이미 보아왔다. 미시적인 측면을 봐도 분자, 원자, 원자핵, 소립자, 우르바리온 등의 계층이 존재하는 것을 우리는 이미 알고 있다.

사카다 이론의 특징은 이 계층이 무한히 계속함을 주장하는 데 있다. 어느 계층의 이론을 세우면 반드시 그 이론 범위 내에서는 결정할 수 없고 이론 밖으로부터, 이른바 아프리오리(선험적)로 도입해야 하는 것이 생긴다. 물리상수 등이 그런 예이다. 그러나 그 아프리오리라는 것은 하나

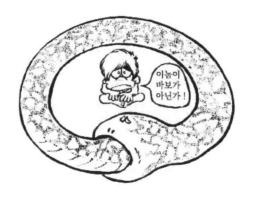

자기완결철학

아래 계층의 이론으로부터 결정될 것이라고 생각했다. 예를 들면 열역학에서 온도의 개념은 기체분자운동론에 이르러 비로소 명확하게 이해되는 것처럼, 이렇게 어느 계층은 반드시 보다 아래 계층을 필요로 하므로 필연적으로 무한한 계층이 존재한다는 것이다.

무한계층철학에 대한 철학으로서는 자기완결철학이 있다. 예를 들면 미국의 소립자론 학자 튜가 제창하는 소립자의 「구두끈 이론」이 있다. 튜에 따르면 소립자 밑의 계층은 존재하지 않는다. 현재의 소립자는 모두 기본적인 것으로 어느 것이든 복합적이 아니고 모두가 평등하다고 그는 생각한다. 소립자는 서로가 서로를 만들고 있다. 이것을 핵민주주의(核民主主義)라 부른다. 과연 미국다운 산문적(散文的)인 사고방식이다. 구두끈 이론에서는 계층에 하한이 있고 하한에서만 자기완결계를 이룬다. 사카다는 구두끈 이론을 격렬히 반박했다.

마흐원리도 자기완결철학의 하나가 될 수 있다. 마흐원리 5는 미시적 계층의 법칙을 우주의 거시적 구조가 결정한다고 주장했다. 그러면 얼핏 보기에 무한한 계층은 필요 없는 것처럼 생각된다. 계층의 수가 유한하여 제일 밑 계층의 법칙이 제일 위의 계층에서 결정된다면 논리적으로는 자기완결할지도 모른다. 이를테면 가위바위보같이 어느 것이든 제일 강하지 않는 것과 마찬가지이다.

그러나 이야기가 모두 잘 들어맞지는 않는다. 왜냐하면 우리는 「우리 우주」만이 아니고 무한=초우주를 안고 있기 때문이다. 위에는 위, 아래에는 아래가 있는 것이 세상인지 모르겠다. 그러나 마흐원리적으로 많은 물리법칙이 부분적으로 자기완결할 수 있을지도 모른다. 다만 모두가 자기완결계의 그물에 들어가지 않고 새는 부분이 있을 것이다. 우리는 더 위를 보거나 아래를 보면서 두리번거릴 필요가 있다. 부분적이나마 이러한 물리법칙의 마흐원리적 자기완결계를 찾아내는 것은 우주론의 꿈이라 하겠다.

물리학과 형이상학의 틈바구니에서

이상의 논의는 과학적인 논의라 할 수 있을까? 물리학(Physics)이 아니고 형이상학(Metaphysics)이 아닌가. 그리고 형이상학은 자연과학자가 논의해서는 안 되지 않을까?

그에 대해 필자는 대답 대신 다음과 같은 삽화를 들고 싶다. 필자가 어느 곳에서 한 강연에 대해 어떤 저명한 교수가 「당신은 우주의 시작을 논의하는데, 대체 그것은 관측이 가능한가? 관측이 가능하지 않다면 그것을 물리법칙이라 부를 수 있는가?」 물어왔다. 물론 여러분은 현재의 우주론에서는 3K의 흑체복사라든가, 헬륨양을 통해 우주 초기까지 상당히 관측이 가능하다는 것을 이미 알았을 것이다.

그러나 실은 이 질문은 그것으로 그치지 않는다. 실증이 가능하지 않은 이론은 물리법칙이 아니고 형이상학이라는 것이다. 물리학은 관측이 가능한 양 사이의 관계만을 문제로 하면 된다고 마흐는 강력히 주장했다. 이것을 마흐주의라 부른다. 그러므로 마흐는 원자를 관측이 불가능한 것이라 하여 배척했다. 그리고 보기 좋게 실패했다.

그러나 상상력이 강한 마흐원리의 제창자도 역시 마흐였다. 물론 그는 스스로의 철학에 바탕을 두고 절대공간을 부정했다. 그에게 우주는 「관측된」 것이었으므로 그것과 관성계를 관련지으려 했다. 그 나름대로 일관된 철학이었다. 그러나 이 시도는 꿈 많은 새로운 형이상학을 끌어들였다. 마흐원리는 여태껏 실증되지 못했다. 실증되지 못한 것을 논의한 마흐는 마흐주의자가 아니라는 모순된 결론이 나온다.

물리학과 형이상학의 경계는 시대와 더불어 변했다. 고대에서는 대부분의 영역이 형이상학이었다. 시대가 진보됨과 더불어 관측과 실험이 향상하여 물리학의 영역은 확대되어갔다. 그러므로 현재로서는 형이상학이어도 장차 물리학으로 들어갈지도 모른다. 측정이 가능하다, 불가능하다는 판단을 너무 조급히 내려서는 실패하는 일이 많다.

형이상학과 물리학을 혼합하는 것은 좋지 않지만, 꿈 많은 형이상
학은 물리학의 온상이기도 하다. 꿈과 현실을 몰라보는 것은 우습지만
꿈이 없는 현실 또한 무미건조하다. 우주론은 바로 물리학과 형이상학
의 틈바구니에 끼어 있다.

맺음말

　특수상대론에서 일반상대론까지 해설한 책은 흔히 있지만, 여기서 우리가 묶은 것은 일반상대론과 우주물리학과의 관계를 해설한 것이다. 이 주제는 최근 10년 가까이 필자 자신의 연구주제였고, 이 책은 해설책이긴 하지만 우리가 연구해온 연구보고이기도 하다.

　필자가 교토대학 물리교실의 조교가 되었을 때 마침 마츠다 군이 대학원에 들어왔고, 그 후 그보다 1년 늦게 들어온 다케다 군까지 해서 우리 세 사람은 5~6년 동안 함께 우주론, 특히 뜨거운 우주 초기에서의 진화를 연구했다. 필자는 아이즈 씨와 함께 우주론의 연구계획을 교토대학의 기초물리학연구소에서 전국공동연구로서 진행할 것을 제창한 한 사람인데, 그리하여 우리의 연구도 전국 각지의 연구진과 서로 자극을 받아가면서 진행되었다.

　다케야, 하야시, 하야카와 선생님 등의 적극적인 참여와 격려가 있어 5~6년 동안 대단히 즐거웠다. 이때의 연구성과는 1971년에 정리되었고 연구계획은 일단락되었다. 이것으로 이 방면의 연구가 끝났다는 뜻은 아니지만, 연구란 언제나 「일단락」시키는 것이 필요하다. 외국에서도 이때쯤 몇 가지 이 분야의 종합연구가 나온 것을 보면 세계적으로도 이즈음이 한 고비였던 것 같다. 마츠다 군이 공학부로 취직했고 필자가 기초물리학 연구소로 옮긴 것이 계기가 되어 우리 삼인조도 이 무렵 「일단락」되었다.

필자는 그 후 전부터 흥미를 가졌던 블랙홀 문제를 연구하기 시작했고, 마침 그 무렵 대학원에 들어온 도미마츠 군과 함께 연구했다. 그의 석사 논문이 완성될 무렵부터였다. 그해 여름(1972)에 중력장방정식의 새로운 엄밀 풀이를 발견하는 데 성공했다. 이것이 이 책에도 나오는 도미마츠-사토오 풀이다. 이 풀이의 우주물리학적 의의는 앞으로 연구되어야 할 것이다. 또한 일반상대론이 갖는 성격을 이해하는 데 여러모로 쓸모 있으므로 앞으로 여러 각도로 연구되어 갈 것이라고 생각된다.

또 필자는 우주진화의 연장으로 원소 기원을 축으로 하는 은하진화 연구를 이케우치 군과 다시 시작했다. 필자는 이 무렵 폴란드에서 코페르니쿠스 탄생을 기념하는 국제회의와 브뤼셀에서 열리는 솔베이 회의에 참석한 후 이곳 버클리에 있는 캘리포니아대학에 왔다. 이 책은 출발 전에 완성할 예정이었는데 끝내 마츠다 군과 함께 「목차」를 쓰는 것에 그쳤다. 그 후 마츠다 군이 썼고, 필자도 크리스마스 휴가에 서둘러 쓴 것이다. 1~3장을 필자가 쓰고, 4~8장은 마츠다 군이 집필했다. 우주론의 개요는 필자가 최근 이와나미 서점이 발행한 『현대물리학의 기초강좌』 11권 『우주물리학』에 쓴 것과 비슷한데 마츠다 군의 글재주가 이를 보강하고 있다. 그는 우주론에서 혜성까지, 심지어 원심분리기의 계산까지 다양한 재주를 가진 사람인데 이 문장에도 그런 일면이 나타나 있어 재미있다.

필자는 이런 책의 목적은 「아인슈타인과 우리의 관계」를 즐겁게 교량 역할을 하는 데 있다고 생각한다. 기초과학의 성과는 직접 사람들에게 더 알릴 필요가 있다. 흔히 기초과학은 나아가 응용과학으로 되어 사회적으로 쓸모 있게 되는 점에만 존재의의가 있다는 사람도 있으나 그것은 잘못된 생각이다. 자연을 안다는 것은 연구자만의 특수한 욕구가 아니고 모두의 것이다. 미국에서 들은 이야기인데, 미국에서는 「나도 저 로켓을 발사하는 데 돈을 세금으로 냈으니, 그것으로 알게 된 일을 연구자가 알고 있는 만큼 우리도 알 권리가 있다. 연구자들은 빨리 알아들을 수 있도록 발표하라」는 세론이 있다고 한다. 미국적 「계약사회」다운 이야기인데 기초과학의 중요한 일면이라 생각한다. 기초과학은 100년 뒤에나 쓸모가 있게 된다지만 (물론 이것도 중요한 효용의 하나인데) 더 직접 사람들과 접근해야 한다. 이것은 예술과 우리의 관계와도 비슷한 문화적 수준으로 봐야 한다고 생각한다. 우리는 물건을 만들고, 먹고, 육아를 하는 등의 일상생활만 하는 것이 아니라, 실은 많은 문화적 현상에 시간을 소비한다. 기초과학은 더욱 그런 것에 파고들어야 한다고 생각한다. 물론 블랙홀 이야기가 어디 어디 공장의 공해를 막을 수 있는 것은 아니다. 그러나 널리 자연을 보는 눈이 사회적으로 수준이 높아지면 사회에 대한 눈도 그만큼 높아질 것이다. 그리고 최소한 즐거운 일이 될 것이다. 「즐겁다」라는 것은 아마 「안다」는 것과 같다고 생각된다. 그런 점에서 이 책은 다소 불친절했는지도 모르겠다.

대단히 긴 「끝으로」가 되었는데 여기서 우리의 은사인 하야시 선생님에게 감사를 드리고 싶다. 필자는 선생님 연구실의 조교였을 때도 별로 선생님의 연구를 도와드리지 못했다. 그러나 「3K 복사」 이야기도, 「중력 붕괴」 이야기도 모두 선생님이 불쑥 논문을 건네준 것에서 필자의 연구는 시작되었다. 선생님의 손바닥 안에 있었던 것 같다. 이런 책을 빌어 감사하면 꾸중을 들을지도 모른다는 생각이 들 만큼 내게는 언제나 「무서운 선생님」이다. 그러나 우리가 이 책을 쓴 눈으로 우주를 볼 수 있게 된 것도 오로지 선생님 덕분이다. 역시 감사해야겠다.

끝으로 이 책을 만드는 데 도움을 주신 고단샤의 하야시 씨, 호리고시 씨, 사쿠라이 교수 연구실의 다케다 군에게 감사를 드린다.

버클리에서 사토 후미다카

사토오 씨의 수다스러운 「끝으로」 뒤에는 필자가 쓸 말이 그다지 없다. 그러나 사토오 씨가 과묵하고 필자가 수다스럽다면 그것은 출신지의 차이 때문이 아닐까.

이 책에서 필자가 집필한 부분은 너무 욕심을 내서 독자들이 다소 소화불량을 일으키지 않았을까 두렵다. 그러나 실토를 하자면 쓰고 싶은 것이 더 있었지만 매수 관계로 줄일 수밖에 없었다.

그중 하나는 은하 문제이다. 은하는 상대론과는 관계가 깊지 않지만, 최근의 이론적 진보가 눈부신 부분이다. 또 하나는 시간의 문제이다. 이 책에서는 8장에서 공간이란 무엇인가를 논하였는데 시간이란 무엇인가를 논의하지 않으면 공평하지 않다는 생각이 들었다.

시간에도 역시 절대시간과 상대시간이 있을 수 있다. 이 책에서 말한 미스너의 설 등은 상대시간설의 하나이다. 그러나 시간과 공간이 가장 뚜렷이 다른 것은 시간의 일방향성, 이른바 「시간의 화살」 문제일 것이다. 뉴턴역학, 상대론, 양자역학 등 어느 것을 봐도 시간이 발전해도 될 만한데도 현실 세계에서는 왜 시간은 과거로부터 미래로만 흐르는 것일까.

열역학의 제2법칙, 즉 엔트로피 증대의 법칙이 그 답이라는 설도 있다. 그러나 열역학만으로는, 전자기학에서 왜 지연퍼텐셜을 취하고 선행퍼텐셜을 취하지 않는지 이유를 모르겠다. 호일은 여기서도 원격작용에 바탕을 두는 새중력이론을 만들어 이것과 정상우주론을 조합하면 시간의 방향성이 나온다고 주장했다.

고울드는 우주의 팽창이야말로 거시적 시간의 방향성을 결정하는 열쇠라고 주장했다. 별이든 생물이든 사회든 그 진화란 엔트로피 감소라고 필자는 믿지만, 이들 계에서 발생한 엔트로피는 환경으로 방출해야 한다. 최종적으로는 복사라는 형태로 방출된 엔트로피는 우주의 팽창이라는 쓰레기장으로 버려지게 된다. 필자는 우주팽창이야말로 우주 내의 모든 개방계가 진화하는 근원이라고 생각한다.

인류는 우주 내에서 진화의 정점에 서 있고, 최종적인 진화점 ω점으로 향한다고 하는 테야르 드 샤르댕의 저 미심쩍은 사상도 앞의 관점에서 보면 그럴듯하다. 「우리 인류」가 앞으로 어떻게 될지 모르지만 우주 인류, 우주 문명을 포함하는 의미에서의 「초인류」의 진보는 있을 수 있을 것이다. 우주는 그 내부에 부분계를 진화시키는 메커니즘이 본질적으로 조립되어 있다고 생각한다. 이것이 필자의 꿈이다.

끝으로 천체물리학에 눈을 뜰 수 있게 해준 하야시 선생님에게 감사드린다. 선생님과 필자의 관계는 이를테면 석가모니의 손바닥 안의 손오공(사토오 씨)의 머리털로 만들어진 가짜 손오공이라고나 할까. 공학부의 사쿠라이 선생님은 언제나 격려의 말씀을 해주셨는데 이에 대해 감사를 드린다. 히로시마대학의 나리아이 선생님은 연구를 통해 유익한 조언을 해주셨는데 감사드린다. 하야시 교수 연구실의 동료연구자 제군, 특히 나카자와 박사, 이 책의 일부를 읽고 유익한 비판을 해준 사쿠라이 교수 연구실의 다케다 박사, 마에다 군, 그리고 필자의 태만을 용서해준 고단샤의 하야시 씨, 호리고시 씨에게 감사를 드린다.

연구실에서 마쓰다 다쿠야

도서목록
- 현대과학신서 -

A1 일반상대론의 물리적 기초
A2 아인슈타인1
A3 아인슈타인2
A4 미지의 세계로의 여행
A5 천재의 정신병리
A6 자석 이야기
A7 러더퍼드와 원자의 본질
A9 중력
A10 중국과학의 사상
A11 재미있는 물리실험
A12 물리학이란 무엇인가
A13 불교와 자연과학
A14 대륙은 움직인다
A15 대륙은 살아있다
A16 창조 공학
A17 분자생물학 입문1
A18 물
A19 재미있는 물리학1
A20 재미있는 물리학2
A21 우리가 처음은 아니다
A22 바이러스의 세계
A23 탐구학습 과학실험
A24 과학사의 뒷얘기 1
A25 과학사의 뒷얘기 2
A26 과학사의 뒷얘기 3
A27 과학사의 뒷얘기 4
A28 공간의 역사
A29 물리학을 뒤흔든 30년
A30 별의 물리
A31 신소재 혁명
A32 현대과학의 기독교적 이해
A33 서양과학사

A34 생명의 뿌리
A35 물리학사
A36 자기개발법
A37 양자전자공학
A38 과학 재능의 교육
A39 마찰 이야기
A40 지질학, 지구사 그리고 인류
A41 레이저 이야기
A42 생명의 기원
A43 공기의 탐구
A44 바이오 센서
A45 동물의 사회행동
A46 아이작 뉴턴
A47 생물학사
A48 레이저와 홀러그러피
A49 처음 3분간
A50 종교와 과학
A51 물리철학
A52 화학과 범죄
A53 수학의 약점
A54 생명이란 무엇인가
A55 양자역학의 세계상
A56 일본인과 근대과학
A57 호르몬
A58 생활 속의 화학
A59 셈과 사람과 컴퓨터
A60 우리가 먹는 화학물질
A61 물리법칙의 특성
A62 진화
A63 아시모프의 천문학 입문
A64 잃어버린 장
A65 별·은하·우주

도서목록
- BLUE BACKS -

1. 광합성의 세계
2. 원자핵의 세계
3. 맥스웰의 도깨비
4. 원소란 무엇인가
5. 4차원의 세계
6. 우주란 무엇인가
7. 지구란 무엇인가
8. 새로운 생물학(품절)
9. 마이컴의 제작법(절판)
10. 과학사의 새로운 관점
11. 생명의 물리학(품절)
12. 인류가 나타난 날1(품절)
13. 인류가 나타난 날2(품절)
14. 잠이란 무엇인가
15. 양자역학의 세계
16. 생명합성에의 길(품절)
17. 상대론적 우주론
18. 신체의 소사전
19. 생명의 탄생(품절)
20. 인간 영양학(절판)
21. 식물의 병(절판)
22. 물성물리학의 세계
23. 물리학의 재발견〈상〉
24. 생명을 만드는 물질
25. 물이란 무엇인가(품절)
26. 촉매란 무엇인가(품절)
27. 기계의 재발견
28. 공간학에의 초대(품절)
29. 행성과 생명(품절)
30. 구급의학 입문(절판)
31. 물리학의 재발견〈하〉
32. 열 번째 행성

33. 수의 장난감상자
34. 전파기술에의 초대
35. 유전독물
36. 인터페론이란 무엇인가
37. 쿼크
38. 전파기술입문
39. 유전자에 관한 50가지 기초지식
40. 4차원 문답
41. 과학적 트레이닝(절판)
42. 소립자론의 세계
43. 쉬운 역학 교실(품절)
44. 전자기파란 무엇인가
45. 초광속입자 타키온
46. 파인 세라믹스
47. 아인슈타인의 생애
48. 식물의 섹스
49. 바이오 테크놀러지
50. 새로운 화학
51. 나는 전자이다
52. 분자생물학 입문
53. 유전자가 말하는 생명의 모습
54. 분체의 과학(품절)
55. 섹스 사이언스
56. 교실에서 못 배우는 식물이야기(품절)
57. 화학이 좋아지는 책
58. 유기화학이 좋아지는 책
59. 노화는 왜 일어나는가
60. 리더십의 과학(절판)
61. DNA학 입문
62. 아몰퍼스
63. 안테나의 과학
64. 방정식의 이해와 해법

65. 단백질이란 무엇인가
66. 자석의 ABC
67. 물리학의 ABC
68. 천체관측 가이드(품절)
69. 노벨상으로 말하는 20세기 물리학
70. 지능이란 무엇인가
71. 과학자와 기독교(품절)
72. 알기 쉬운 양자론
73. 전자기학의 ABC
74. 세포의 사회(품절)
75. 산수 100가지 난문·기문
76. 반물질의 세계
77. 생체막이란 무엇인가(품절)
78. 빛으로 말하는 현대물리학
79. 소사전·미생물의 수첩(품절)
80. 새로운 유기화학(품절)
81. 중성자 물리의 세계
82. 초고진공이 여는 세계
83. 프랑스 혁명과 수학자들
84. 초전도란 무엇인가
85. 괴담의 과학(품절)
86. 전파는 위험하지 않은가
87. 과학자는 왜 선취권을 노리는가?
88. 플라스마의 세계
89. 머리가 좋아지는 영양학
90. 수학 질문 상자
91. 컴퓨터 그래픽의 세계
92. 퍼스컴 통계학 입문
93. OS/2로의 초대
94. 분리의 과학
95. 바다 야채
96. 잃어버린 세계·과학의 여행
97. 식물 바이오 테크놀러지
98. 새로운 양자생물학(품절)
99. 꿈의 신소재·기능성 고분자
100. 바이오 테크놀러지 용어사전
101. Quick C 첫걸음

102. 지식공학 입문
103. 퍼스컴으로 즐기는 수학
104. PC통신 입문
105. RNA 이야기
106. 인공지능의 ABC
107. 진화론이 변하고 있다
108. 지구의 수호신·성층권 오존
109. MS-Window란 무엇인가
110. 오답으로부터 배운다
111. PC C언어 입문
112. 시간의 불가사의
113. 뇌사란 무엇인가?
114. 세라믹 센서
115. PC LAN은 무엇인가?
116. 생물물리의 최전선
117. 사람은 방사선에 왜 약한가?
118. 신기한 화학 매직
119. 모터를 알기 쉽게 배운다
120. 상대론의 ABC
121. 수학기피증의 진찰실
122. 방사능을 생각한다
123. 조리요령의 과학
124. 앞을 내다보는 통계학
125. 원주율 π의 불가사의
126. 마취의 과학
127. 양자우주를 엿보다
128. 카오스와 프랙털
129. 뇌 100가지 새로운 지식
130. 만화수학 소사전
131. 화학사 상식을 다시보다
132. 17억 년 전의 원자로
133. 다리의 모든 것
134. 식물의 생명상
135. 수학 아직 이러한 것을 모른다
136. 우리 주변의 화학물질
137. 교실에서 가르쳐주지 않는 지구이야기
138. 죽음을 초월하는 마음의 과학

139. 화학 재치문답
140. 공룡은 어떤 생물이었나
141. 시세를 연구한다
142. 스트레스와 면역
143. 나는 효소이다
144. 이기적인 유전자란 무엇인가
145. 인재는 불량사원에서 찾아라
146. 기능성 식품의 경이
147. 바이오 식품의 경이
148. 몸 속의 원소 여행
149. 궁극의 가속기 SSC와 21세기 물리학
150. 지구환경의 참과 거짓
151. 중성미자 천문학
152. 제2의 지구란 있는가
153. 아이는 이처럼 지쳐 있다
154. 중국의학에서 본 병 아닌 병
155. 화학이 만든 놀라운 기능재료
156. 수학 퍼즐 랜드
157. PC로 도전하는 원주율
158. 대인 관계의 심리학
159. PC로 즐기는 물리 시뮬레이션
160. 대인관계의 심리학
161. 화학반응은 왜 일어나는가
162. 한방의 과학
163. 초능력과 기의 수수께끼에 도전한다
164. 과학 · 재미있는 질문 상자
165. 컴퓨터 바이러스
166. 산수 100가지 난문 · 기문 3
167. 속산 100의 테크닉
168. 에너지로 말하는 현대 물리학
169. 전철 안에서도 할 수 있는 정보처리
170. 슈퍼파워 효소의 경이
171. 화학 오답집
172. 태양전지를 익숙하게 다룬다
173. 무리수의 불가사의
174. 과일의 박물학
175. 응용초전도

176. 무한의 불가사의
177. 전기란 무엇인가
178. 0의 불가사의
179. 솔리톤이란 무엇인가?
180. 여자의 뇌 · 남자의 뇌
181. 심장병을 예방하자